小さな蝶たち

——身近な蝶と草木の物語

小さな蝶たち

身近な蝶と草木の物語

西口親雄

八坂書房

目次

山と高原の旅から　151

①：コミスジ（仙台、S. Ito 撮影）
②：リュウキュウミスジ（雲南、R. Akiyama 撮影）
③：ヒメジャノメ（七ヶ浜、C. Nishiguchi 撮影）
④：ヒメウラナミジャノメ（仙台、S. Ito 撮影）
⑤：マイマイガ（ドクガ科）の幼虫
（仙台青葉山、H. Kida 撮影）
⑥：クワゴマダラヒトリ♂
（栗駒高原、H. Kida 撮影）
⑦：オビカレハの幼虫（宮城県七ヶ宿、S. Ito 撮影）
⑧：ヤマトシジミ（仙台、S. Ito 撮影）

⑨：ツバメシジミ（仙台、S. Ito 撮影）
⑩：ゴイシシジミ（宮城県、R. Akiyama 撮影）
⑪：スギタニルリシジミの♂と♀（C. Nishiguchi 画）
⑫：ミドリシジミ（C. Nishiguchi 画）
⑬：イチモンジセセリ（山形蔵王、S. Ito 撮影）
⑭：キマダラセセリ（仙台、S. Ito 撮影）
⑮：オオチャバネセセリ（仙台、S. Ito 撮影）
⑯：ダイミョウセセリ（仙台、S. Ito 撮影）

⑰：アルプスベニモンマダラ（スイス、S. Ito 撮影）
⑱：コツバメ（仙台、S. Ito 撮影）
⑲：ツマキチョウ♀（仙台、S. Ito 撮影）
⑳：スジグロチョウ（仙台、M. Takahashi 撮影）
㉑：ヒカゲチョウ（仙台、S. Ito 撮影）
㉒：クロヒカゲ（仙台、S. Ito 撮影）
㉓：イチモンジチョウ（月山、S. Ito 撮影）

㉔：カラスアゲハ
（福島・県民の森、M. Takahashi 撮影）
㉕：アサギマダラ（西吾妻、K. Soneda 撮影）
㉖：ヒメギフチョウ（仙台近郊、M.Takahashi 撮影）
㉗：カタクリ（山形県鶴岡近郊、S. Ito 画）
㉘：コシノカンアオイ（山形県鶴岡近郊、S. Ito 画）
㉙：ウスバサイシンの葉裏に産みつけられたヒメギフチョウの卵（仙台 太白山、H. Kida 撮影）
㉚：ギフチョウ（C. Nishiguchi 画）
㉛：スコッチベニヒカゲ（スイス、S. Ito 撮影）
㉜：ニホンベニヒカゲ（月山、H. Kida 撮影）

身近にいる蝶と蛾をみつめて

——松島湾南岸の田園都市から

図1 コミスジ（仙台、S. Ito 撮影）カラー口絵①参照

1章 コミスジの履歴書
——餌植物から蝶の来歴を探る——

かわいい隣人 ——コミスジ——

わが家（宮城県七ヶ浜町S団地）のまえは広場になっていて、その一角に小さな松林が残っている。団地ができるまえは、このあたり、松山であったことがうかがえる。樹林はクロマツとアカマツからなり、樹高は二〇メートルぐらい、本数にして二〇本ほどある。林縁は、ガマズミ、ムラサキシキブ、ノイバラ、アズマネザサの灌木群に、スイカズラ、ミツバアケビ、ヘクソカズラなどの蔓植物が絡みついている。

初夏になると、この樹林のまわりをコミスジが舞う。ときには、わが家の庭にも入ってくる。コミスジ *Neptis sappho* はヨーロッパにも生息している。Common Glider（どこにでもいる滑空家）と呼ばれている。飛ぶとき、羽をバタバタさせないから、こんな名前がついたのだろう。あまり

にもありふれた蝶なので、この蝶が、松林の、どこで、なにを食べて生活しているのか、いままで気にも留めなかった。考えてみれば、これは大いなる怠慢である。隣人にたいしても失礼だ。いまからでも遅くはない。コミスジのことをしらべてみよう。そして、しらべたことを森林教室で話してみよう。

私は、NHK文化センターの仙台教室で森林講座をもっている。最近は、樹や森の話に飽きてきた。話が少々マンネリ化してきたのである。そこで、新しい風を吹きこむ意味で、私の好きな蝶の話をまぜることにした。といっても、蝶自体の話ではなく、蝶の幼虫が食べる草木の話にポイントを置いている。花に蝶はつきものである。受講生のみなさん（年配の女性が多い）も、花を観察するついでに、蝶にも関心をはらうようになった。

講義の影響もあって、蝶の写真を撮る人が増えてきた。できた作品が教室で披露される。対象となる蝶は、当然、われわれの身のまわりでみられる、ごくふつうの種類である。そんな身近な対象でも、なかには表情ゆたかな写真があって、思わず引き込まれてしまう。みなさん、ふだんから草木の花の撮影で腕を磨いているから、対象を花から蝶に換えるだけのことである。だから、傑作写真もうまれてくるわけだ。

それで終わってしまうのは、もったいない。そこで、みなさんが撮った蝶について、私が解説することにした。身のまわりにいる蝶に目をむけることで、自然への視野が広がっていく。そんな効果をねらったのである。しかし、ただの解説ではおもしろくない。そこで、私流の物語性を追求することにした。

私流というのは、ありふれた現象のなかに、「ふしぎ」を見つけだし、その「なぞ」を追究する、というやり方である。とはいうものの、対象は、どこにでもいる、ごくありふれた蝶（蝶屋さんには興味の対象にならない）ばかりだから、おもしろい物語ができるのかどうか、自信はなかった。だが、やってみると、意外や意外、そんな身近にいる蝶たちでも、なぞに満ちた物語性を抱えていることを知った。私は物語の作成に没頭した。そして今回の本ができた。物語のシナリオは、できるかぎり論理的にすすめている。だから科学的なのだが、データは少なく（よりどころは私の小さな書斎にある本だけ）、未知の世界をゆくので、推理を働かせないと、目的地には到着できない。その意味では、推理小説である。

そんな物語を、これから披露していきたい、と思う。最初に登場するのは、コミスジである。

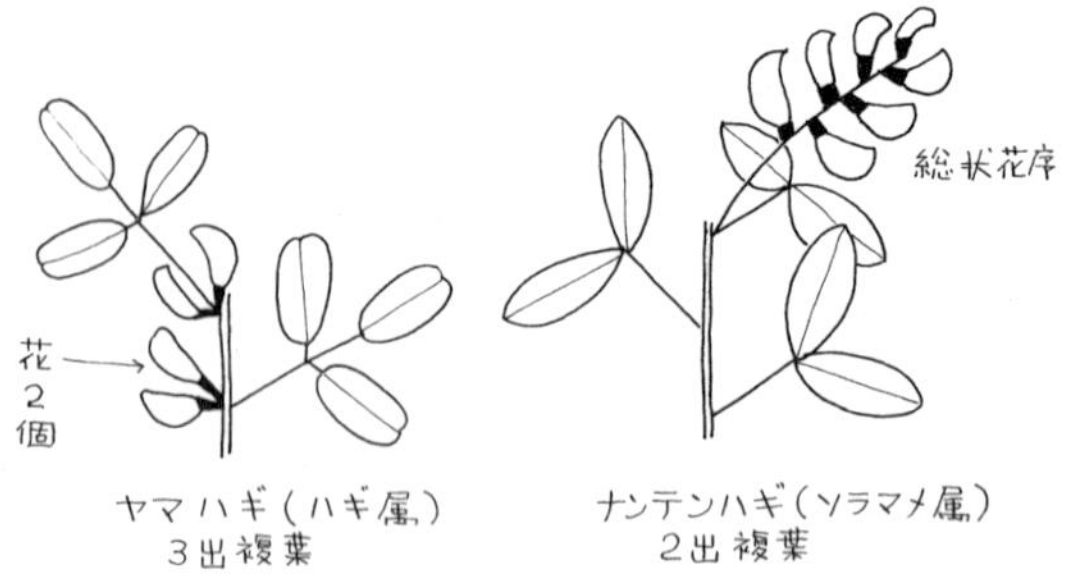

図2　コミスジの餌植物

コミスジの餌植物

私の、コミスジへの関心は、この隣人の生活を覗いてみたい、という好奇心から芽生えた。まず最初に知りたかったことは、餌植物についての情報である。そこで、蝶の図鑑をしらべてみた。小学館『日本のチョウ』(子供むけの学習図鑑)には、ハギ、クズ、ニセアカシア、とある。学研『オルビス学習科学図鑑・昆虫1』には、ヤマハギ、ナンテンハギ、クズ、フジ、ヤマフジ、クロツバラ、ハルニレ、ケヤキ、エノキ、アオギリ、とある。また、河北新報『宮城の昆虫』には、クズ、ハギ、ヤブマメが食草としてあげられている。この本には、ケヤキやフジの盆栽にコミスジの幼虫がつき、そのまま飼育して成虫になったことが記されている。

コミスジは、マメ科を中心に、いろいろな植物を餌にしていることを知った。では、わが家のまえの松の樹林では、どんな植物がコミスジの餌になっているのだろうか。林縁の植物をしらべてみると、ニセアカシアの幼木があちこちに生えていた。また、エノキの成木も一本あった。それに、わが家の庭には中木ていどに成長したケヤキが葉を茂らせている。これらの樹木がコミスジの生活を支えているのかもしれない。

コミスジの生活環境がすこしみえてきた。餌植物は、草本よりも木本のほうが多いから、コミスジという蝶は、草原よりも林縁のほうが好きなん

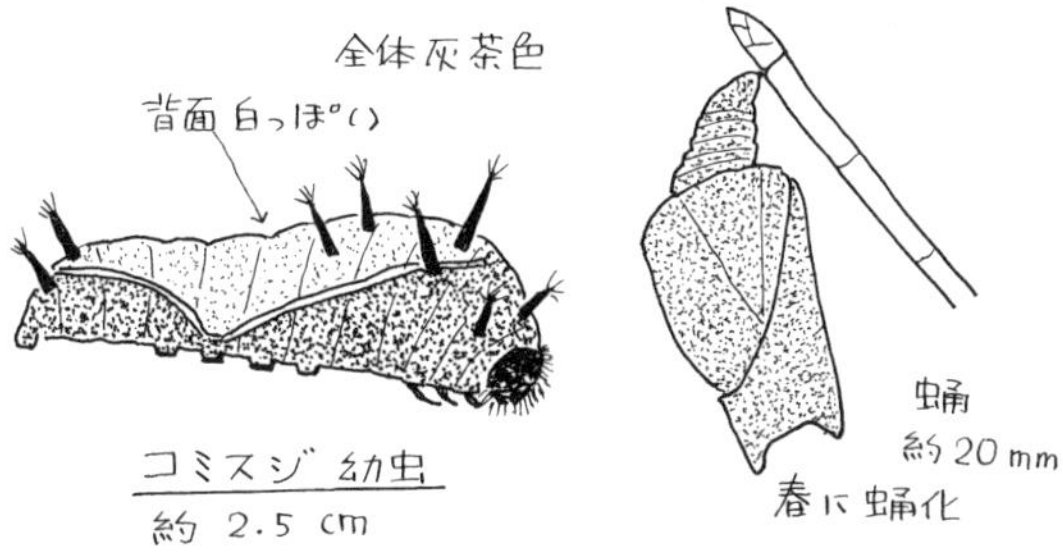

図3　コミスジの幼虫と蛹

（注）虫屋さんは、羽といわず、翅という。羽を広げることを「展翅《てんし》」という。しかし、翅という言葉は一般的ではない。本書では、一般の読書家にも読んでほしいので、羽という言葉を使いたい。展翅は「展羽」としたい。

だなあ、と思った。その一方で、餌植物として、マメ科のほかに、ニレ科の樹木やアオギリがならんでいることに、なにか、違和感をおぼえた。

コミスジの幼虫

ところで、コミスジの幼虫は、どんな姿をしているのだろうか。図鑑『日本のチョウ』に絵が載っていた。全体としては灰褐色で、背面は白っぽく、棘《とげ》のついた突起が大小、四対みられ、成熟すると三センチほどになる。かわいい成虫とはうらはらに、幼虫はグロテスクな姿をしている。慣れないと、小悪魔にみえるかもしれない。

この小悪魔が、広場の樹林のなかの、どの木で生活しているのか、私はまだ確認していない。天気のよい日にでも、ゆっくり探してみよう。みつかれば飼育もしてみたい。飼育は簡単である。プラスチックの容器に、餌植物の葉と幼虫を入れるだけでよい。ときどき糞を除去し、葉を新鮮なものにとり換えてやる。やがて蛹《さなぎ》になり、蝶が羽化してくるだろう。蝶屋さんなら、それを展羽（注）して標本にするだろうが、一般の人であれば、写真に撮ってから、庭に放せばよい。できれば、飼育の記録をとっておきたい。なんでもない記録が、あとになって、自然現象の意味を考えるとき、重要なヒントを与えてくれるかもしれないから。

ここまで書いてきて、ふと、疑問に思った。蝶の成虫は美しい姿をしているのに、幼虫は、どうしてグロテスクな姿をしているのだろうか。いままで疑問に思わなかったことが、「なぞ解き心」でみてみると、なんでも、「ふしぎ」にみえてくる。

蝶の幼虫の基本構造は、筒状の胴体と、足と、鋭い歯をもった口、からできている。なんのことはない。歩く消化管なのである。蝶の幼虫の関心事は、ただひとつ、餌をしっかり食べて、よく成長し、健康優良児になること。ここでの注意事項は、野鳥に食べられて、命を落とすことのないよう、用心すること。だから、野鳥が寄ってこないように、グロテスクな姿をしているのである。

日本のコミスジとヨーロッパのコミスジ
—選択した餌植物が異なる—

蝶類図鑑をしらべてみると、コミスジは、北海道（南西部）から九州の屋久島まで分布している。北海道の東北部には生息しない。はげしく寒いところは苦手らしい。国外では、中国大陸からヨーロッパの東南部にまで分布を広げている。国際派の蝶である。

　コミスジの餌植物をしらべていて、ひとつ、気になる疑問が湧いてきた。日本とヨーロッパで主たる餌植物の種類が異なるのである。日本の場合、コミスジの餌植物は、マメ科のいろいろな植物が含まれており、また、ニレ科のエノキやケヤキ、さらにはアオギリ科のアオギリにまでおよんでいる。しかし、ヨーロッパの蝶蛾図鑑をしらべてみると、コミスジの餌植物は Spring Vetchling とある。辞書を引いてみると、マメ科レンリソウ属の草であった。私の頭には、コミスジの餌植物はクズ・ハギ・フジというイメージがあったから、レンリソウという植物名に、おやっ、という感じをうけた。

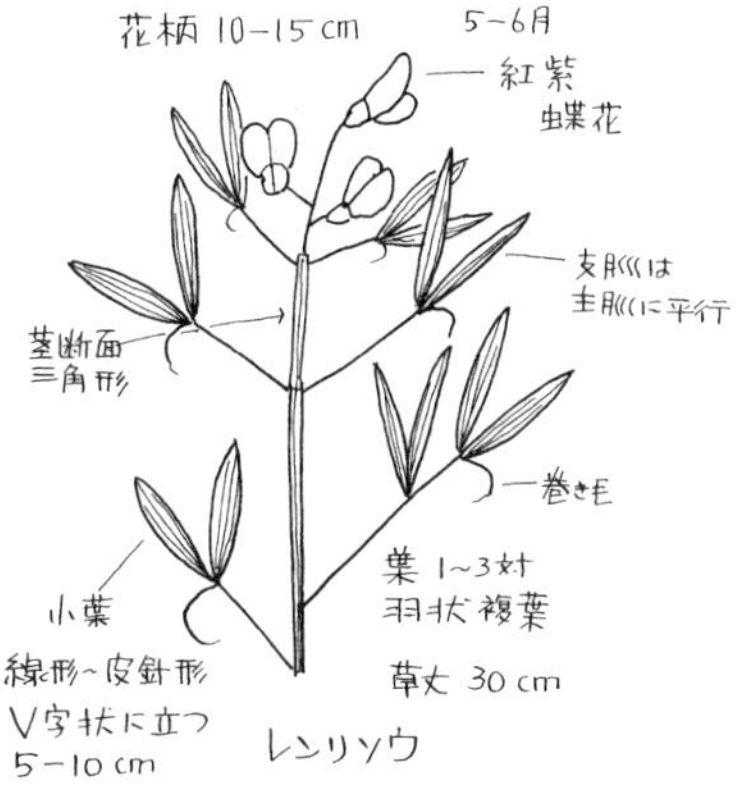

図4　マメ科レンリソウの草姿

　野草図鑑をしらべてみると、つぎのように書いてあった。レンリソウ（マメ科、*Lathyrus*属）は、草丈一〇～四〇センチほどの多年草で、羽状複葉、小葉（一～三対）は披針形《ひしんけい》ないし線形で、二枚の小葉がV字形に立ちならぶ。複葉の先端は巻きひげとなるが、枝分かれはしない。葉腋（脇）から総状花序を伸ばし、五～六個の紅紫色の蝶形花をつける。本州・九州に分布し、国外では中国から極東ロシアにもみられ、湿原に生える。

　しかし、レンリソウを私はみたことがなかった。そこで、森林教室のみなさんに訊ねてみたが、だれもみたことがない、という。われわれの身のまわりでは、ふつうにみられる草ではないらしい。園芸用に栽培されているスイートピー *L. odoratus* がこの仲間、といえば、レンリソウのイメージが湧いてくる。

このことがきっかけとなって、私の森林教室では、レンリソウがひとつの関心事となった。受講生のひとりが、宮城県南部の海岸ちかくの湿原で、レンリソウの自生を確認した。また、滋賀県の伊吹山に登ったひとりが、キバナノレンリソウをみた、と連絡してきた。伊吹山は石灰岩の山である。レンリソウの仲間は、湿地帯や石灰岩土壌に生える草らしい。これは、ほかの草が入ってこられないような、特殊な土壌に逃げこんでいることを暗示する。レンリソウの仲間は、どうやら、喧嘩のよわい植物らしい。人目のつかないところで、ひっそりと生きているようだ。

このていどの存在では、日本では、とてもコミスジの主食にはなりえないだろう。それに、レンリソウは湿原の草らしい。林縁の蝶・コミスジにとって、レンリソウはすむ世界が異なるようだ。一方、ヨーロッパでは、レンリソウの仲間がコミスジの餌植物になっている。おそらく、ヨーロッパ（草地が多い）では、レンリソウ属は多くの種からなり、コミスジの社会を支えるのに十分な量が存在するのだろう。

ところがヨーロッパでは、最近、コミスジ社会に異変がおきているらしい。ヨーロッパの蝶蛾図鑑を読んでみると、田園地帯の都市化など環境の変化が原因で、コミスジの個体数が急速に減少しつつあり、そのうちに絶滅危惧《きぐ》種として、レッドデータ・ブックに登録されることになるかもしれない、とある。

この記事を読んで、私にはピンときた。ヨーロッパにおけるコミスジ減少の原因は、餌植物のレンリソウが環境の変化で現存量を減しているからだ、と。レンリソウ属の仲間はみんな、環境の変化に敏感なのである。

日本では、コミスジはどこにでもみられる、ごくありふれた蝶である。仙台市に隣接する七ヶ浜の町がどんどん都市化していく状態にあっても、コミスジは、それには影響されず、のんびり田園生活を楽しんでいる。それは、餌植物のクズやヤマハギが、田園地帯の都市化、乾燥化に平気で、環境の変化によく順応していくからである。

ヨーロッパと日本のコミスジの運命を分けたのは、餌植物の選択のちがいにあった。ヨーロパのコミスジは草原の草・レンリソウを選択したが、日本のコミスジはクズ、ヤマハギなど、林縁の草木を選択した。日本のコミスジのほうが、将来を見る目があった、といえる。

中国の場合

『中国高等植物図鑑』をひもといてみると、レンリソウ属が数種記載されている。そのうち、草原に自生し、中国全土（南部を除く）に広く分布しているのは、山香豌豆 *Lathyrus quinquenervius* で、これは日本のレンリソウとおなじ種である。また、牧地香豌豆 *L. pratensis* が中国北西部から新疆《しんきょう》・ウイグルをへてヨーロッパまで分布する、とある。これはキバナノレンリソウで、日本では伊吹山にのみみられる特殊な種類なのだが、ユーラシア大陸では、中央部の高原地帯に広く分布しているらしい。中央アジアの高原地帯には、伊吹山に似た環境が広がっているのではないか、と思う。

では、中国のコミスジは、どんな植物を餌にしているのだろうか。『中国東北蝶類誌』をしらべてみると、コミスジの餌植物として「山黎豆属」が記録されていた。山黎豆って、なに？　そこで『中国高等植物図鑑』のページを一枚一枚めくっていくと、あった！　山黎豆属とはレンリソウ属のことであった。中国北部（四川・陝西）～中国東北部のコミスジはレンリソウを食餌にしていることがわかった。

しかし、コミスジのふるさと・中国南部には、レンリソウは自生していない。では、ふるさとのコミスジは、なにを食餌にしているのだろうか。

残念ながら、餌植物に関するデータがない。おそらく、日本のコミスジとおなじ植物を餌にしているのではないか。私はそう推測している。

コミスジの遍歴の旅

日本のコミスジは、いろいろな植物を幅広く餌にしているが、その名を羅列してみても、餌植物の特徴はみえてこない。コミスジだって、餌植物にたいする好き嫌いはあるだろう。そこで、日本におけるコミスジの主たる餌植物（記録頻度の高いもの）に注目してみた。保育社『原色日本蝶類生態図鑑（Ⅱ）』によると、主食は、九州ではクズ・ヤマフジ、本州中部ではクズ・フジ・ナンテンハギ、北海道ではニセアカシア・ヤマハギ・ナンテンハギ、という記述があった。このように書いてくれると、コミスジの餌植物の実態がみえてくる。(注)

日本のコミスジは、クズ・フジ・ヤマハギ・ナンテンハギを主食にしている。一方、中国内陸部からヨーロッパに生息するコミスジは、レンリソウ属の草を主食にしている。このちがいは、なにを意味するのだろうか。なかなか答えが見出せなくて、蝶類図鑑と植物図鑑を眺めながら、「なぞ解き」にふける日々がつづいた。そうすると、コミスジが、餌植物を転換

（注）クズ *Pueraria lobata*　クズ属、北海道〜九州、朝鮮、中国、東南アジア
フジ *Wistera floribunda*　フジ属、本州・四国・九州（日本特産）
ヤマフジ *Wisteria brachybotrys*　フジ属、本州（近畿以西）・四国・九州（日本特産）
ナンテンハギ *Vicia unijuga*　ソラマメ属、北海道〜九州、中国のほぼ全土
ヤマハギ *Lespedeza bicolor*　ハギ属、北海道〜九州、アジア北東部
ニセアカシア *Robinia pseudoacacia*　ハリエンジュ属、北米（外来樹種）

しながら、中国からヨーロッパへ旅する様子がみえてきた。それは、つぎのような旅物語である。

①中国から東南ヨーロッパへの旅

コミスジは温帯系の蝶であるが、ふるさと（発祥の地）は、中国南部の山地・森林帯ではないか、と思う。そしてふるさとでは、ナンテンハギやチュウゴクフジ *Wisteria sinensis*（日本のフジとは同属別種）を食餌にしていた、と私は推測する。

中国南部の山地・森林帯で誕生したコミスジは、やがて、分布を周辺地域へ広げていく。あるグループは西に進路をとる。中国大陸でも、西方には山岳地帯と高原が広がっている。内陸深く入ると、ナンテンハギやフジはなくなり、草原の植物・レンリソウ類が増えてくる。

そこで、コミスジは食餌転換を試みる。コミスジの餌植物・ナンテンハギは、ソラマメ属 *Vicia* にぞくし、レンリソウ属に近い草だから、コミスジが、食餌をナンテンハギからレンリソウに乗り換えたとしても、それほど違和感はなかっただろう。コミスジは、この食餌転換によって、林縁の蝶から草原の蝶に変身し、分布をヨーロッパの東南部にまで広げることができた、というわけである。

② 中国から日本への旅

一方、別のグループは、中国南部から、進路を東にとり、さらに海岸よりに北上し、中国東北部から朝鮮半島を経由して日本本土に入る。日本にやってきたグループは、食餌転換する必要がなかった。ナンテンハギは中国全土・朝鮮半島から日本にまで連続分布しているからである。また、チュウゴクフジは、中国南部から東北部の遼寧《りょうねい》省あたりまで自生しているし、東北部までくると、ヤマハギが現われ、これも日本まで連続分布している。ナンテンハギ、フジ類、ヤマハギを頼ってくれば、大陸のコミスジは、まちがいなく日本にまでやってこられる。日本に到達した時期は、氷河時代の前期、いまから数十万年まえ、と私はみている。

朝鮮半島から日本本土に入ったコミスジは、比較的温暖な本州・九州にきて日本特産の藤（フジ、ヤマフジ）に出会い、食餌を日本フジに乗り換える。葉量からみれば、フジのほうが、ヤマハギやナンテンハギより、はるかに頼りになるからである。しかし、寒冷な北海道にいくと、フジは自生せず、また、ヤマハギやナンテンハギが主食になる。

北海道ではニセアカシアも重要な餌植物になる。ニセアカシアは、明治になって、北アメリカからきた外来樹種である。治山治水用に川辺や山の崩壊地に植栽されたが、現在は、都市緑化樹として、街路や公園にも大量に植えられている。コミスジはニセアカシアの味が気にいったようである。コミスジは比較的簡単に、餌植物を転換していく。その融通性が、種の広域分布につながっていく。コミスジは、進化した蝶なのである。

コミスジの餌植物で、来歴のわかりにくいものがひとつある。クズである。中国のコミスジはクズを主食にしていないが、日本の九州・本州のコミスジはクズを主食のひとつにしている。これは、どう解釈したらよいのだろうか。これも、答えが見出せず、しばらく悩みのタネになっていたのだが、ある日、沖縄のリュウキュウミスジのことが気になり、蝶類図鑑をしらべていて、図らずも、その答えがみつかった。クズは、リュウキュウミスジの主食だったのである。そして、コミスジは、リュウキュウミスジの子供なのである。

リュウキュウミスジ
—コミスジとは親子関係—

私は、一〇年ほどまえ、西表島《いりおもてじま》に行ったとき、道端でコミスジそっくりの蝶をみている。今回、念のため、小学館『日本のチョウ』（日本の蝶

図5　リュウキュウミスジ
（雲南、R. Akiyama 撮影）
カラー口絵②参照

の地域分布・標高分布が地図で示されている）をしらべてみて、コミスジは沖縄に分布しないことを知った。では、西表島でみたコミスジは、いったい、なにものなのか。それは、リュウキュウミスジ *Neptis hylas* という、別の種類だった。一〇年まえ、私はそのことに気づかず、ただのコミスジと思っていたのだった。

今回、コミスジのことをしらべていて、はじめて、リュウキュウミスジの存在を知った。そこで思い出した。先年、われわれ森林教室の一行が中国雲南省を旅したとき、Aさん（故人）が西双版納《シーサンパンナ》で撮った蝶の写真集のなかにコミスジがあったことを。その写真の蝶を、仙台で撮ったコミスジの写真とくらべてみた。前羽外縁ぞいの白点列が大きく明瞭であった。蝶類図鑑と照らし合わせてみて、Aさんが西双版納で撮った蝶はリュウキュウミスジであることがわかった。

ここでまた、新たな疑問が湧いてきた。このコミスジそっくりのリュウキュウミスジとは、いったい、なにものなのか、コミスジと、どんな関係があるのか。

五十嵐邁・福田晴夫『アジア産蝶類生活史図鑑Ｉ』をひもといてみると、リュウキュウミスジの分布図が出ていた。北は中国南部、西はインド、南はスマトラ・ジャワからチモールまで広がっている。そして、東北方向へ

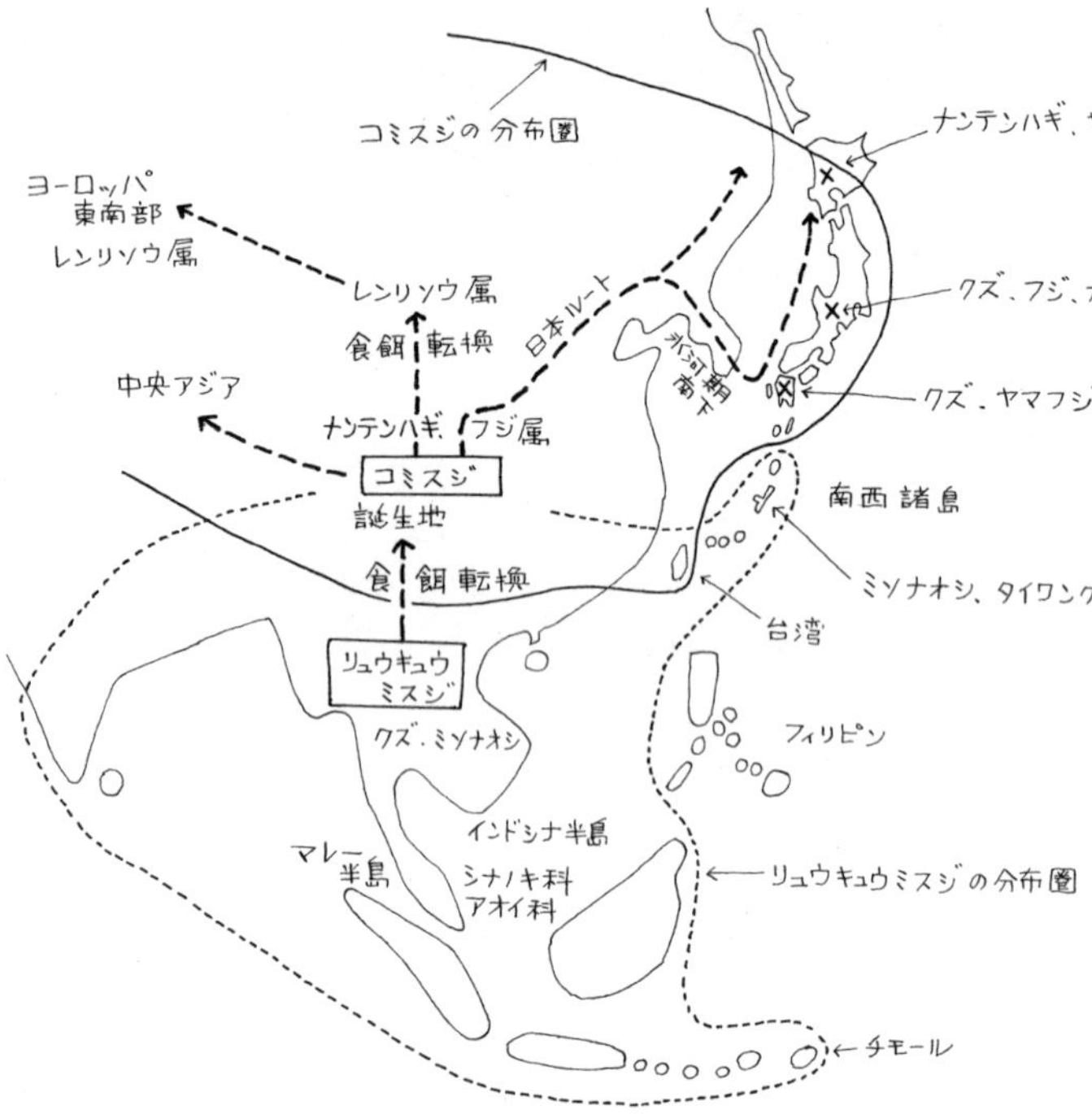

図6　コミスジの来た道

の分布は日本の南西諸島にまで伸びている。リュウキュウミスジは、東南アジアに広く分布する熱帯系の蝶であった。

①形態や生態がよく似ていること、②中国南部を境にして、南北に「すみわけ」ていること、などを考えると、コミスジとリュウキュウミスジは親子関係にあり、コミスジはリュウキュウミスジを母体にして生まれた子供、ではないかと推測された。

リュウキュウミスジは、日本の南西諸島にまで分布を伸ばしているが、コミスジは、南西諸島には生息していない。理由は、コミスジが大陸で誕生したとき、南西諸島はすでに、深くて広い海峡で大陸から隔離されていて、コミスジは入れなかったのだろう。あるいは、コミスジにとって、南西諸島は、暑すぎたのかもしれない。コミスジは、朝鮮半島経由で日本本土にやってくる。

図7　リュウキュウミスジの餌植物のひとつ

リュウキュウミスジの餌植物 ―ミソナオシとクズ―

　では、リュウキュウミスジはどんな植物を食餌にしているのだろうか。『原色日本蝶類生態図鑑（Ⅱ）』をしらべてみると、沖縄本島や八重山諸島では、マメ科のミソナオシ、トキワヤブハギ、タイワンクズとニレ科のリュウキュウエノキが記録されていた。また、中国の蝶類図鑑類をしらべてみると、餌植物はクズとミソナオシ、とある。つまり、リュウキュウミスジの主食は、「ミソナオシとクズ類」とみてよいだろう。では、それは、どんな植物なのか。今度は植物図鑑をしらべてみる。

　ミソナオシは学名を *Desmodium caudatum* という。つまり、ヌスビトハギ属の植物である。しかし、『中国高等植物図鑑』の記載を読むと、樹高四メートルほどの灌木、とあり、われわれがよく目にするヌスビトハギ（草）とはイメージが異なる。この灌木は、中国中部以南からインドシナ半島をへてマレー半島まで分布しているという。

　クズ類（クズ、タイワンクズなど）は、もともと、中国南部からインドシナ半島北部あたりをふるさとにする、亜熱帯の植物である。『中国高等植物図鑑』によると、クズ *Pueraria lobata* は中国全土に広く分布する、とあるが、クズの北方分布は、人間の運搬利用によるもので、自然本来の分布ではあるまい、と私は考えている（西口『森と樹と蝶と』）。だから、中国中・北部に生息するコミスジにとって、クズは、自然条件下では、食餌にならなかった。一方、中国南部以南に生息するリュウキュウミスジにとっては、クズは主食になったのである。

中国大陸南部のクズが日本にやってきたのは、コミスジが日本に定着した時代から、ずっと後になって、おそらく、最終氷河期が終わって以後のこと、と思う。日本のクズは、人間が運んできた疑いがある。とすれば、コミスジがクズに初めて出会った場所は、日本ということになる。コミスジは、ただちにクズを食餌に採用する。クズはコミスジの先祖・リュウキュウミスジが主食にしていた植物だから、コミスジも、クズへの嗜好性を失ってはいなかった。それは、食性の先祖返り、ともいえる。こう考えると、コミスジが、日本でクズを主食のひとつにしている「なぞ」が解けてくる。

リュウキュウミスジのふるさと —インドシナ半島—

日本のコミスジは、マメ科のほかに、ニレ科の落葉広葉樹（ケヤキ、エノキなど）を食餌にしている。蝶類図鑑などでこの事実を知ったとき、なにか、違和感をおぼえた。マメ科植物を主食にしているコミスジが、どうして、ケヤキやエノキを食餌のひとつに採用しているのか、どうも、理解できなかった。しかし、リュウキュウミスジのことをしらべているうちに、だんだん「違和感」が解けてきた。コミスジのケヤキ・エノキ食いは、先祖・リュウキュウミスジの食性をうけついでいるのではないか。

リュウキュウミスジは、マメ科のほかに、ニレ科植物（落葉性のもの）を食餌として選んでいる。おそらく、リュウキュウミスジのふるさとの山には、落葉性のマメ科とニレ科の樹木がたくさん生えていたのではないか。このことは、リュウキュウミスジのふるさとが、熱帯圏でも、落葉樹の多いところ、乾季・雨季のはっきりしているインドシナ半島あたりであることを暗示する。『中国高等植物図鑑』には、中国南部に、ニレ属四種、ケヤキ属二種、エノキ属四種、ウラジロエノキ属四種、計ニレ科一四種が記載されている。

コミスジの素性をしらべていたら、その先祖はリュウキュウミスジと気づき、リュウキュウミスジのことをしらべていたら、インドシナ半島にまで来てしまった。『アジア産蝶類生活史図鑑Ⅰ』によると、リュウキュウミスジは、マレー半島では、マメ科のクズやミソナオシではなく、シナノキ科やアオイ科の樹木の葉を食餌にしている、という。リュウキュウミスジ一族は、もともとは、熱帯東南アジアの森のなかに棲んでいて、高木性の落葉広葉樹を常食していたのかもしれない。日本のコミスジが、現在、アオギリ（アオイ科に近い）を食べるのも、遠いふるさとへの郷愁、なのかもしれない。

コミスジの遍歴の旅路を追跡して、インドシナ半島からマレー半島にまで足を伸ばして、はじめて、日本のコミスジがアオギリを食べることの意味を理解することができた。

図8　ヒメジャノメ（七ヶ浜、C. Nishiguchi 撮影）
カラー口絵 ③ 参照

2章　かわいい訪問者・ヒメジャノメ
―身元しらべのおもしろさ―

ヒメジャノメ　―わが家の庭に来る―

なん年かまえ、夏も終わりのある日、食べ残しのナシの実を、庭のすみの桜の木の下枝にとりつけておいた。野鳥の餌にするためである。ところがしばらくして、なにげなく庭を眺めると、そのナシの実に蝶が二匹とまって汁を吸っている。近づいてよくみると、ヒメジャノメだった。両羽の開張は約四センチ、小型で、地味な蝶である。静止したとき羽をたたむので、裏側がみえる。淡黄褐色の地に、眼状紋が大二個、中二個、小数個ついている。それに細い白帯がたてに一本とおっているので、すぐヒメジャノメとわかった。念のため、写真に撮っておく。

ヒメジャノメ *Mycalesis gotama*（コジャノメ属）は、われわれの身のまわりの、どこにでもいる蝶である。わが家を訪問してくれたヒメジャ

図9 キンエノコロ（七ヶ浜、C. Nishiguchi 撮影）

ノメも、家のまえの松林の住人ではないか、と思う。この樹林には、コミスジも棲んでいるし、ときにはアサマイチモンジの滑空もみられる。ヒメジャノメは、この松林のなかで、どんな植物を餌にして生活しているのだろうか。

わが隣人・コミスジだって、ふるさとは中国にあり、日本へやってくるのに、おもしろい旅をしている。では、ヒメジャノメのふるさとは、どこだろうか。どんな旅路のはてに、日本にやってきたのだろうか。あれこれ考えていたら、だんだんこの蝶にも興味が湧いてきて、その素性が知りたくなってきた。まず知りたい、と思ったことは、その隣人の住所である。その場所を推定するには、この蝶の食草をしらべてみればよい。

子供むけの学習図鑑『日本のチョウ』（小学館）を開いてみると、食草は、ススキ、エノコログサ、カヤツリグサなど、とある。また学研『オルビス学習科学図鑑・昆虫1』をしらべてみると、ススキ、チヂミザサ、ミヤコザサ、カサスゲなど、とある。イネ科、タケ科、カヤツリグサ科の野草を、広く食べていることがわかる。食草は、あまり好き嫌いはしないようだが、ススキは好きらしい。カヤツリグサを食べる、ということは、ヒメジャノメは湿原（たとえば水田付近）にも出現することを示

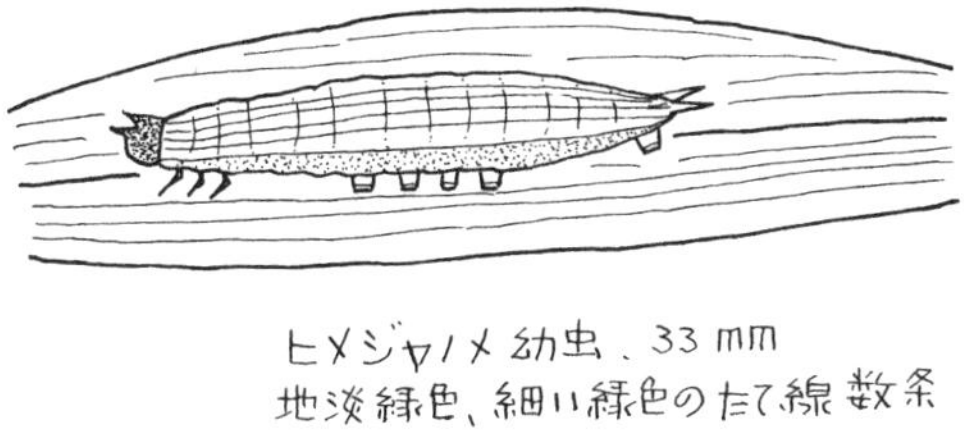

図10　ササの葉裏にとまって食葉

している。

　では、ヒメジャノメの幼虫は、どんな姿をしているのだろうか。学習図鑑『日本のチョウ』に絵がでていた。体形は円筒状で、頭から胸にかけてはやや細く、腹部のほうが膨らんでいる。体色は、全体が淡い緑で、背面に緑色の細いすじが、たてに数条ならんでいる。頭は茶色で、先端に一対の小さな突起がある。腹部尾端にも一対の短い尾状突起が伸びている。しかし、ほかの蝶にみられるような、鋭い棘《とげ》や剛毛はない。成熟すると、三センチほどになる。コミスジの幼虫のような、グロテスクな姿ではない。

　幼虫は、食草（ススキ、笹など）の葉の裏側に、葉脈に平行してとまる。幼虫の胴体には緑色の細いすじが数条たてにとおっているが、これは、笹やススキの葉脈に擬態した模様なのかもしれない。これでは、野鳥だってみつけにくいのではないか。幼虫は、葉を食べるとき、中脈を残す、とある。そんな食痕《しょっこん》を手がかりに、葉の裏側をたんねんに探すと、幼虫はみつかる、という。これは、人間だからできることで、野鳥はそんなことはしないだろう。ただし、天敵の寄生蜂（ヒメバチ、コマユバチなど）は、葉の裏側もたんねんに探す。ヒメジャノメの幼虫にとって、強敵は、野鳥ではなく、寄生蜂かもしれない。

わが家のまえの松林の林縁には、アズマネザサやミヤコザサが生えている。その樹林のまわりは、小さな草っ原になっている。ときどき草刈りが行われるので、ススキのような大型の草はないが、エノコログサやメヒシバなど、小型のイネ科の草がいろいろ生えている。これらの笹やイネ科の草がヒメジャノメの幼虫の食草になっているのだろうか。そして、その草むらには、どんな寄生蜂がうろついているのだろうか。そんなことを考えていたら、なんだか、ファーブルのような気分になってくる。

コジャノメの隠れ家

蝶類図鑑をしらべてみると、ヒメジャノメは五月から十月にかけて、年三回ほど発生するとある。夏場ならいつでも、この蝶の姿がみられるはずである。六月中旬、天気のよい日を選んで、ヒメジャノメを探しに出かけた。わが家から車で五分も走れば、大木囲《だいぎかこい》縄文遺跡公園がある。そこは海に面した高台で、縄文時代の貝塚が埋まっている。縄文時代は、いまより海進が進んでいたらしく、現在の遺跡のあるところが、当時の海岸であったという。その貝塚遺跡が町によって文化財に指定され、そ

図11　クヌギの樹液を吸うサトキマダラヒカゲ（七ヶ浜、C. Nishiguchi 撮影）

図12　ルリタテハ（仙台、S. Ito 撮影）

の高台一帯の森林が公園として保存されている。遊歩道も整備されていて、町民の憩いの場になっている。

公園の入口付近は、芝生の広場が広がっていて、いろいろ野生のイネ草も生えている。ところどころに、クヌギとエノキが植えてある。そっとクヌギの木に近づいてみる。このクヌギの木は、幹のなかにカミキリムシが寄生しているのだろうか、傷口から甘い樹液を出している。その樹液に、サトキマダラヒカゲやルリタテハ、あるいはカナブンやスズメバチが集まってくる。学習図鑑『日本のチョウ』には、ヒメジャノメは「木の汁を吸いにくる」とある。しかし、その日は、みんな留守だった。

芝草原のなかの小道をどんどんゆく。しかし、ヒメジャノメはみつからない。やがて小道は雑木林のなかに入っていく。道端の木々をしらべてみると、カラスザンショウ、アカメガシワ、ネムノキ、シロダモが目につく。ここは仙台近郊であるが、気候的には暖温帯であることがわかる。

日光のあたる、明るい歩道では、羽に眼状紋をつけた小さい蝶がちょろちょろ舞っていた。網ですくいとる。羽の裏側には、こまかいさざ波模様があって、けっこう美しい。すべて、ヒメウラナミジャノメだった。今回は、ヒメウラナミジャノメには御用はない。どんどん森の奥深く入

図13　ヒメウラナミジャノメ（仙台、S. Ito 撮影）
カラー口絵④参照

っていく。コナラ、イヌシデ、ヤマザクラ、オニグルミ、ヤマグワ、アカマツの高木群が頭上を覆うようになる。道は、暗く、湿ってくる。そうなると、ヒメウラナミジャノメよりひとまわり大きい、黒っぽいジャノメチョウがひらひら飛び出してきた。網で捕まえてみると、羽の裏側に、細い白帯が一本、たてにとおっている。ヒメジャノメだ。

最初はそう思ったのだが、生息場所があまりにも暗いところなので、なんとなく変だな、と思いつつ、数匹捕まえ、家にもち帰ってしらべてみた。ヒメジャノメによく似ているが、ちがっていた。コジャノメという種類だった。この蝶は、関東以西の蝶で、東北にはいない、と思っていたのだが、蝶類図鑑によると、東北でも宮城県の中部あたりまで分布する、とある。だから、松島湾の南岸に位置する七ヶ浜に生息していても、ふしぎではない。ヒメジャノメを探しに行って、コジャノメに遭遇してしまった。

そうわかってみると、いままでヒメジャノメと思っていたものが、ヒメジャノメなのかコジャノメなのか、はっきりさせる必要が出てきた。そこでまずは私自身、両者のちがいをしっかり認識しなければならない。両者の識別点はどこか。図鑑の解説から判断すると、つぎのようになる（図14）。

① 羽の裏側の「たての白帯」は、ヒメジャノメでは白っぽいが、コジャノメでは青紫を帯びる、
② 前述の「白帯」は、ヒメジャノメでは中央寄りに走るが、コジャノメでは外縁寄りに走る、
③ 羽の裏側の「地色」は、ヒメジャノメではやや淡く、コジャノメではやや黒っぽい。
これらの識別点を頭にいれて、何年かまえ、わが家の庭を訪問したヒメジャノメの写真を、ルーペでもう一度しらべてみると、これはやはり、ヒメジャノメでよかった。一方、今回、縄文遺跡の森で採ったヒメジャノメらしきものは、すべてコジャノメであった。

図14　ヒメジャノメとコジャノメの比較

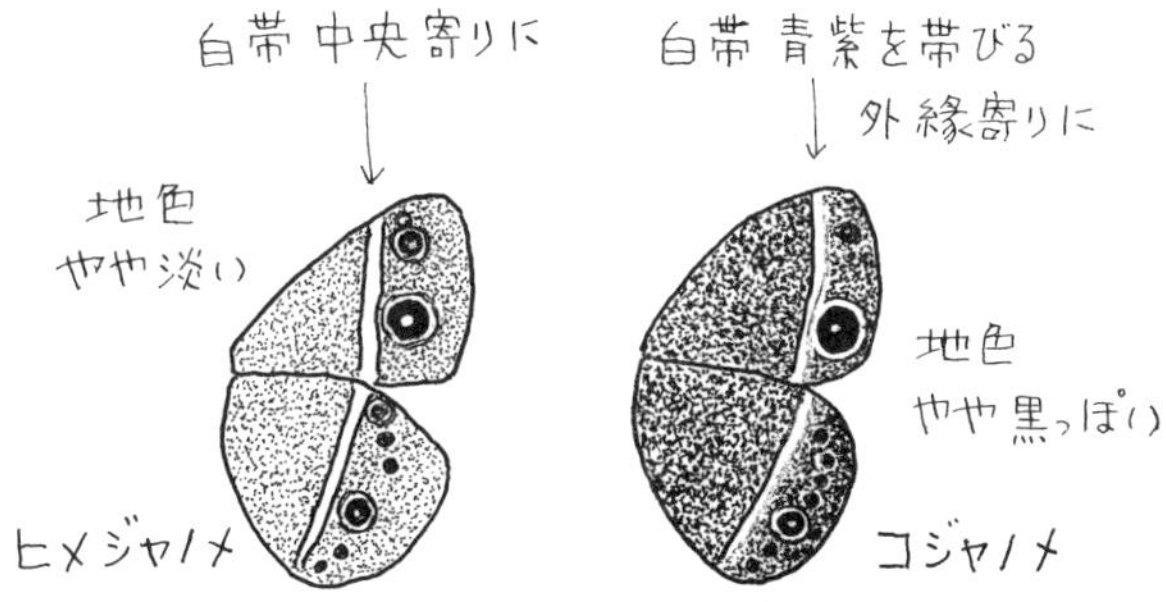

コジャノメって、なにもの?

青山潤三『日本の蝶』によると、コジャノメは、「鬱閉した照葉樹林の内部で見ることのできる数少ない蝶のひとつ」とある。コジャノメは、どうやら、暗い照葉樹林の住人らしい。七ヶ浜の縄文遺跡の森にコジャノメが生息する、ということは、そこがかつて、照葉樹の原生林であったことを暗示する。松島湾の沿岸には、いまでもところどころに、ウラ

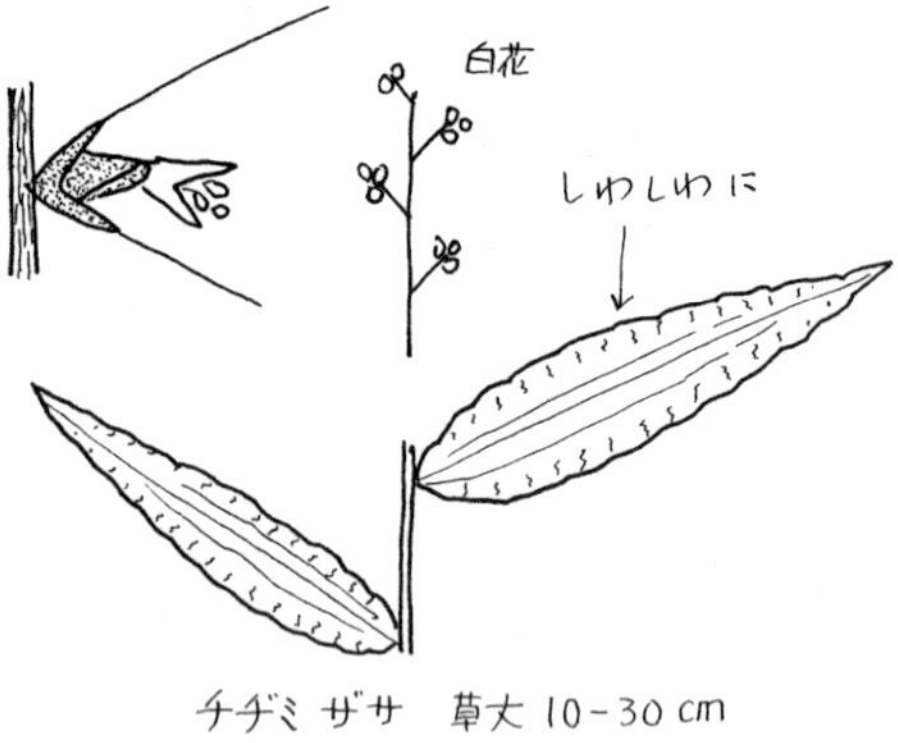

図15　コジャノメの餌植物のひとつ

ジロガシの樹林が残っているが、このあたりは、日本の照葉樹林帯の最北端に近いところ、なのである。コジャノメの北限分布は、ウラジロガシの北限分布とほぼ一致することに気づいた。

コジャノメは学名を *Mycalesis francisca* という。ヒメジャノメとは、同属（コジャノメ属）別種である。コジャノメは、日本以外では、ヒマラヤ、アッサム、ブータン、インドシナ半島、中国大陸中南部、台湾、朝鮮半島南部に分布する。もともと、南方系の蝶であることがわかる。

コジャノメの餌植物は、小学館『日本のチョウ』によると、チヂミザサ、ネザサとあり、学研『オルビス学習科学図鑑・昆虫1』によると、アシボソ、チヂミザサ、オオアブラススキ、ススキとある。餌植物として、いろいろな草の名が出てくるが、コジャノメは、基本的には暗い照葉樹林の蝶だから、その生活を支えてきた中心の餌植物は、チヂミザサではないか、と私はみている。アシボソ、ススキ、オオアブラススキは、みんな、明るい草原の草である。

野草図鑑をしらべてみると、チヂミザサ *Oplismenus umdulatifolius* は、日本全土のほか、ユーラシア大陸の温帯・亜熱帯に広く分布し、山野の樹陰にみられる、とある。また、『中国高等植物図鑑』によると、生育場所は「林内」とある。私は、中国雲南省の熱帯雨林のなかの、かなり暗い山道を歩いていて、いたるところでチヂミザサらしき草をみて、おどろいた経験をもっている。コジャノメのふるさとは、おそらく、中国南部の熱帯雨林か、照葉樹林ではないか、と思う。

バリ島のヒメジャノメそっくりさん
―コジャノメ属のふるさとは、熱帯東南アジア―

私は一〇年ほどまえ、インドネシアのバリ島で、ヒメジャノメそっくりの蝶をみている。そのときは、日本にも、そしてバリ島にも生息しているヒメジャノメって、すごいバイタリティーの持ち主だなあ、という印象をうけた。しかしいま、ヒメジャノメのことをしらべていて、バリ島が、ヒメジャノメの分布圏からはずれていることを知った。では、バリ島のヒメジャノメそっくりさんは、いったい、なにものなのか、気になってきた。

急いで本棚から蝶の写真ファイル（カラースライド）を探してみた。一枚あった。後羽裏側の眼状紋の大きさと位置関係をルーペでしらべてみた。眼状紋の配列は、ヒメジャノメでは下から上へ「大→小→中」となっているのに、バリ島のヒメジャノメそっくりさんは「大→中→小」

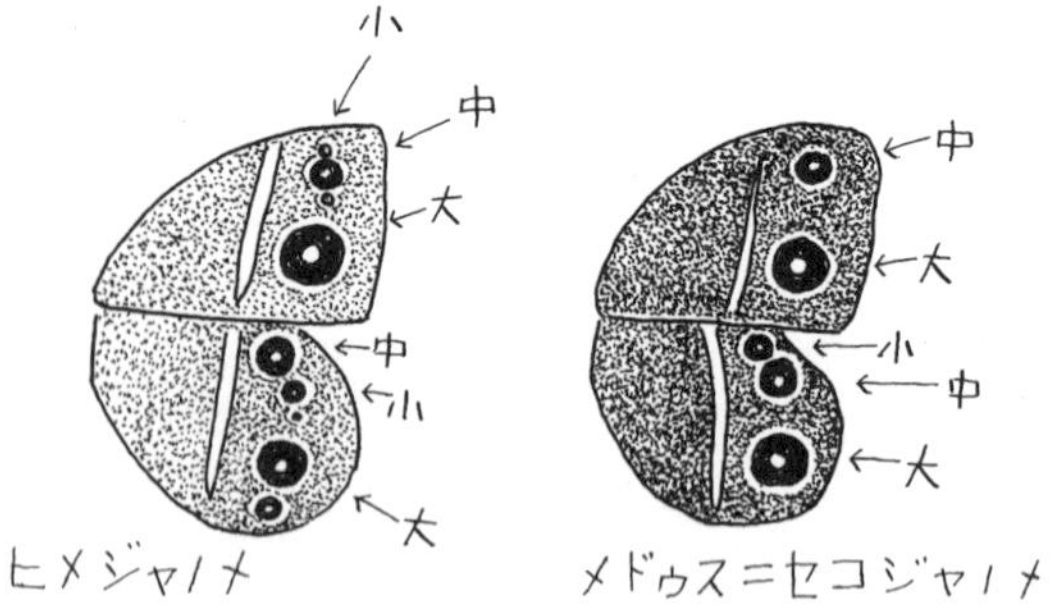

図16　ヒメジャノメとメドゥスニセコジャノメの比較

となっていた（図16）。やはりヒメジャノメではなかった。

この蝶は、『ラオス蝶類図譜』、『ボルネオと東南アジアの蝶』という本に載っていた。蝶名はメドゥスニセコジャノメ *Orsotriaena medus* とあった。コジャノメ属に近い蝶だった。『中国鱗翅目5　眼蝶科』には、私がバリ島で撮った写真にそっくりの写真が出ていた。「海南、広東、広西、雲南、四川に分布し、幼虫は水稲、甘蔗を食べる」とある。メドゥスニセコジャノメは、東南アジアの、水田や甘蔗畑に棲んでいる、ごくふつうのジャノメチョウであることがわかった。

東南アジアの蝶類図鑑をしらべてみると、コジャノメ属やニセコジャノメ属に、数多くの種が載っていた。コジャノメ属・ニセコジャノメ属は、熱帯東南アジアで大発展し、一大王国を形成しているらしい。みんなおなじような容姿をしていて、私を混乱させる。だがよくみると、羽の裏側の眼状紋の「大きさ・数・配列」が、種ごとに異なっていて、ちゃんと自分の存在（アイデンティティ）を明示している。人間の私にはそうみえるのだが、コジャノメ属・ニセコジャノメ属の蝶たちも、眼状紋の様態で、自分たちの仲間を識別しているのだろうか。

ヒメジャノメの来た道　―大陸から日本へ―

ヒメジャノメによく似た蝶が現われて、道草を食ってしまった。話題を、また、ヒメジャノメに戻そう。ヒメジャノメは、九州から北海道南部まで分布している。日本での分布は、コジャノメより、いくらか北のほうまで延びている。しかし、ヒメジャノメの分布も、そんなに北へ上がることはない。北海道南部が分布の北限である。ヒメジャノメも、もともとは、南方系の蝶なのである。

ヒメジャノメの東アジアでの分布図をみると、その中心地は中国の西南部あたりにある。ヒメジャノメは、ふるさとの熱帯東南アジアを出て北上し、中国大陸に自分のテリトリーを構築したようである。コジャノメ属のなかでは、もっとも北に進出した蝶である、という。

ヒメジャノメは、現在、東シナ海によって、大陸群と日本群に分断されているが、日本のヒメジャノメは、そのむかし、大陸からやってきたヒメジャノメの子孫、と考えてよいだろう。問題は、渡ってきた時代と、そのルートである。私は、ヒメジャノメの素性をしらべていて、日本への渡来ルートが、おおいに気になってきた。ここで視点をかえて、ヒメジャノメの日本への渡来問題に迫っていきたい、と思う。

①渡来年代

日本と中国のヒメジャノメがおなじ種である、ということは、両群が別れたのは、そんなに遠いむかしの話ではないことを示している。しかし、日本個体群と大陸個体群は、まったく同形でもない。蝶類図鑑によると、ヒメジャノメは、日本亜種、台湾亜種、中国亜種、ビルマ亜種、の四亜種に分けられている。日本のヒメジャノメと中国のヒメジャノメは、種はおなじであるが、形態がすこし異なるのである。

これらのデータは、ヒメジャノメの日本渡来が、第四紀の初頭、氷河時代の直前であることを示している。一般に、種をおなじくする二つの集団が、隔離され、別種にまで分かれていくには、三〇〇〜五〇〇万年はかかる、と私はみている。逆に、まだ別亜種の段階にとどまっている場合、両群の隔離時間はもっと短い、ということになる。だから、ヒメジャノメの日本渡来は、おおざっぱな目安ではあるが、いまから一〇〇万年ほど前、つまり氷河時代の直前、と私は推測するのである。(注)

②渡来ルート

もうひとつの問題は、どのルートをとおって日本へやってきたのか、という問題である。それは、朝鮮半島経由だろうか、南西諸島経由だろ

(注) 進化の進んだ生物は別種化のスピードがもっと速い。一方、変化することを止めてしまった原始的な生物もいる。

図17　ヒメジャノメの来た道（東シナ海ルート）

うか。

朝鮮半島は、北方系の蝶たちの日本への渡来ルート（とくに氷河期における）になっている。しかし、南方・暖地系のヒメジャノメにとって、このコースを通るのは無理である。もし氷河期に朝鮮半島を南下してきたとすれば、温暖期に入っている現在、日本のヒメジャノメ群の一部は、朝鮮半島を北上して、朝鮮半島北部か、中国東北部に生息しているはずだが、そこには現在、ヒメジャノメは生息していない。

では、台湾から南西諸島を経由して日本本土に来るルートはどうだろうか。ところが現実には、南西諸島にはヒメジャノメが生息していない。それに、ヒメジャノメが日本に渡来したのが一〇〇万年ほどまえのころ、とすると、南西諸島は深い海のなかの列島になっており、飛翔力のよわいヒメジャノメには通過できない。だから、このルートをとおってきたとは考えにくい。考えられる道はただひとつ、東シナ海ルートだけである。

東シナ海は現在、海となって陸上生物の渡来を拒否している。ヒメジャノメが東シナ海を来たとすれば、東シナ海が陸地でつながっていた時代、ということになる。いまから七〇〇万年まえより以前は、東シナ海は陸地つづきで、暖温帯系の生きものが、この海を渡って日本にやってきている（たとえば、ササ属の先祖とキマダラヒカゲ類の先祖、西口『森と樹と蝶と』）。しかし、ヒメジャノメが日本に来たのは、どうも、そんな遠いむかしのことではない。前述のように、氷河時代の直前と考えられるのである。

ニホンザルの渡来 ―ヒメジャノメとおなじ舟に乗って―

では、そのころ（氷河時代の直前）、東シナ海は陸つづきで、日本とつながっていたのだろうか。そのことを示す資料がほしい。本棚を探していて、一冊の本がみつかった。湊正雄（監）『日本列島のおいたち・古地理図鑑』である。その本には、第四紀更新世前期（二〇〇～八〇万年まえ、氷河時代がくる直前）に、ニホンザルが大陸から日本に渡来した、というデータが示されていた。

また、平凡社『動物大百科3』には、ニホンザルにもっとも近いのは中国大陸のアカゲザルで、これが五〇万年まえに日本に渡来してニホンザルになった、と解説してある。渡来年代に若干のずれはあるが、ニホンザルの先祖は、氷河時代がはじまる直前に、大陸から日本本土に渡来した、と考えてよいだろう。その場合、朝鮮半島経由は考えにくい。ニホンザルは、もともと熱帯系の動物だからだ。考えられるルートは、やはり、東シナ海ルートだけである。だからそのころ、東シナ海は陸地でつながっていた、と私は推理するのである。

ヒメジャノメも、ニホンザルとおなじころ、おなじルートをとおって、日本に来たのではないか。私はいま、こういう考えに到達した。その後まもなく、東シナ海は海となる。中国大陸の南部で誕生した、新しい生きもの——動物や植物、あるいは、飛翔力のよわい蝶——にとって、南西諸島はすでに深く広い海峡で切れているし、寒い朝鮮半島はとおれないから、日本へのゲートは、全部、閉ざされてしまったことになる。結局、熱帯・暖温帯系の生きもの（つよい飛翔力をもつものは除く）としては、ニホンザルやヒメジャノメが、日本への「最後の渡来者」となった。

ヒメジャノメの日本における分布北限は北海道の渡島半島である。一方、ニホンザルの分布北限は下北半島である。両者の分布は、どちらも、津軽海峡あたりを北限としている。この分布の類似性は、両者が、おなじ舟に乗って日本にやってきた同士であることを、暗示する。(注)

（注）最終氷河期が終わったあと、人間活動が活発化し、それに便乗して、南方系・北方系をとわず、さまざまな生きものが、どんどん日本列島に入ってくる。それは自然現象というより、人為現象というべきであろう。

新しい疑問 ―ヒメジャノメの本性がみえない―

ヒメジャノメは、毎年、わが家の庭にやってくる。人なつっこい蝶である。しかし私には、ヒメジャノメの本性が、いまひとつ、みえてこない。自然本来の生息地がどんなところなのか、その環境が知りたいのだが、ヒメジャノメは教えてくれない。

松香宏隆『蝶』（PHP研）によると、「低地帯から丘陵地の、人里に近い雑木林や水田の周辺でふつうにみられる」とある。また、小学館『日本のチョウ』には「人家のまわり、草地」とある。森の蝶でないことは確かだが、林縁の蝶なのか、草原の蝶なのか、ヒメジャノメの本性を摑《つか》みかねている。それに、「人里」とか「人家のまわり」とは、なにを意味するのか、この意味も理解できないでいる。

夏になると、わが家の庭でも木々の葉が茂って、部分的に暗くなってくる。主人がものぐさで、庭木の剪定をしないからである。昨年（平成十七年）の夏、その茂みのなかで、黒っぽい蝶が、ひらひら飛んでいるのをみた。追っていくと、サルスベリの葉にとまった。よくみると、三匹いた。ヒメジャノメだった。このサルスベリの幹にはフクロカイガラが、葉にはヒゲマダラアブラムシが寄生していて、甘い汁を出して、あたりをべとべとに汚している。その甘露が、ヒメジャノメのお目当てらしい。一般にカイガラムシやアブラムシは、風とおしのわるい、暗いところを好む。ヒメジャノメも案外、そんな、暗いところが好きなのかもしれない。

ヒメジャノメは、自然条件下では、林縁の内側のすこし暗いところに、隠れるように棲んでいるのではないか。幼虫は、林縁に生えるススキか笹を食べるとして、成虫は甘い汁を欲しがっている。自然の林縁にも、いろいろなアブラムシが生息していて、ヒメジャノメに甘露を提供しているのだろうか。ヒメジャノメが人家の庭に入ってくるのは、庭木にカイガラムシの寄生が多いからだろうか。また、新しい疑問が、いろいろ湧いてくる。

3章　雑草に便乗して

―ヤマトシジミ―

路傍の昆虫観察

六月上旬のある晴れた日、捕虫網をもってぶらりと散歩にでかけた。わが家のまわりには、田園地帯が広がっている。丘の麓を縫うように農道がつづいている。丘の上は、アカマツとコナラの雑木林である。農道ぞいの樹林をしらべてみると、エノキ、ウワミズザクラ、ヤマザクラ類、クワ、ヌルデ、ヤマウルシに、照葉樹のシロダモがまじっている。灌木は、ガマズミ、ムラサキシキブ、コウゾ、サンショウが多い。アズマネザサが繁茂し、それにクズ、スイカズラ、ヘクソカズラ、アケビ、ミツバアケビの蔓が絡んでいる。

エノキの樹上を飛ぶ蝶がいた。ゴマダラチョウだった。この蝶は、飛び方が活発で、なかなか網に入ってこない。幼虫はエノキの葉を食べる

図18　ゴマダラチョウ

から、それを探して飼育してみよう。蝶類図鑑をしらべてみると、幼虫は緑色で、背面中央にやや大きい突起が一対、その前方と後方に小さい突起が一対ずつ、合計三対、ついている。頭にも一対の突起があるが、これには棘《とげ》があり、先端が二つに分岐している。幼虫は成熟すると、四センチほどになる。

国蝶オオムラサキの幼虫も、よく似たスタイルをしているが、背面の突起が四対あり、区別できる。こちらは、成熟すると五～六センチにもなる。オオムラサキは、宮城県でも、あちこちに産地が知られている。七ヶ浜にも棲んでほしい蝶であるが、そのためには、幼虫の餌木としてのエノキと、成虫に甘い樹液を提供するコナラやクヌギが、セットになって存在することが必要である。それに、成虫は、滑空するのに適した広場をほしがっている。そんな雑木林を準備してやれば、きっと来てくれるだろう。

それに加えて、ヤナギの葉を食餌にしているコムラサキにも来てほしい。羽は茶褐色だが、紫色の光沢があって美しい。コムラサキの幼虫も、ゴマダラチョウの幼虫によく似た形をしている。ゴマダラチョウ、コムラサキ、オオムラサキの三種は、現在は別々の属にぞくしているが、幼虫はおなじような、独特なスタイルをしている。おそらく、おなじ先祖

図19　マイマイガ（ドクガ科）の幼虫
（仙台青葉山、H. Kida 撮影）
カラー口絵⑤参照

から分かれた遠い親戚ではないかと思う。暇ができたら、この三種のルーツを追跡してみたい。

農道の上を、白い蝶がひらひら舞っていた。モンシロチョウとは、ちょっとちがう。動作が鈍い。捕まえてみると、キアシドクガという蛾だった。この蛾が、日中に出てきてふわふわ飛ぶのは、体に毒をもっていて、野鳥に食べられないからである。キアシドクガの幼虫は、ミズキの葉を食べる。平成十三年と十四年はキアシドクガの大発生年だった。松島湾沿岸の里山では、あちこちで、葉を食害されてすけすけになったミズキをみた。しかし、大発生は、この二年だけで、現在はまた、静かな森に戻っている。

道端の植物に、どんな蛾の幼虫が寄生しているのか、しらべてみた。クワの木がいたるところにあって、その葉に、マイマイガ、クワゴマダラヒトリ、ドクガの幼虫がみられた。これらはみんな、多食性（なんでも屋）の虫である。一般に、蝶や蛾の幼虫が、ある特定の樹木の葉を「餌」と認識するのは、樹葉に含まれている「特殊成分」を認識しているのである。ところが、なんでも屋は、特殊成分ではなく、多くの樹木の葉に共通的に含まれている成分に引かれるのであろう。

マイマイガの場合、タンニンを目印に餌を選択している、という研究

図20　クワゴマダラヒトリ♂
（栗駒高原、H. Kida 撮影）
カラー口絵⑥参照

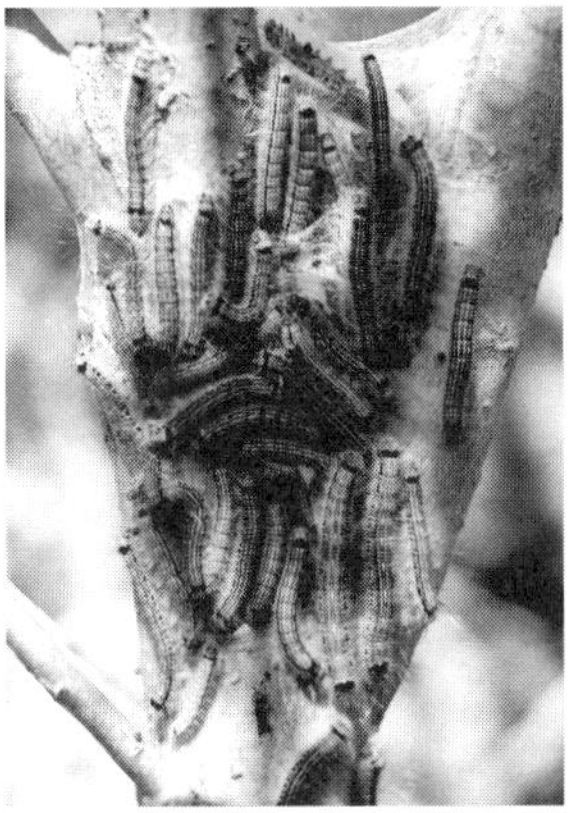

図21　オビカレハ（くもの巣状の網を張って群生）
（宮城県七ヶ宿、S. Ito 撮影）
カラー口絵⑦参照

報告を読んだことがある。タンニンは、ほぼすべての樹の葉に含まれているから、マイマイガは、ほぼすべての樹の葉を食べる。餌植物として記録された樹種は一〇〇種をこえる。

クワゴマダラヒトリも、なんでも屋なのだが、とくにクワを好むようだ。クワの葉の、どんな成分に引かれているのだろうか。クワゴマダラヒトリの食害は、毎年よく目立つが、とくに平成十六年は大発生に近い年だった。真夏に、おなじ農道を歩いたときは、いたるところで、メス成虫がクワの葉に産卵しているのをみた。クワゴマダラヒトリが、いつでも、どこでも、よく目につく（個体数が多い）のは、天敵にたいする防衛戦略が効を奏している証拠だと思う。

クワゴマダラヒトリは、メス成虫は淡黄白の羽をもち、オス成虫は黒い羽をもつ。メスとオスで、羽の色が異なる。メスは、おそらく、シロヒトリの羽の色（白）に似せているのだろう。シロヒトリの体には毒があって、鳥は食べない。では、オスの羽は、なぜ黒いのか。いろいろ、疑問が湧いてくる。しかし、いまは時間がない。擬態問題は、つぎに企画している本のなかで、ゆっくり考察してみたい。

マユミの木に、くもの巣状の網を張って群生する蛾の幼虫をみつけた。体長は二・五センチぐらい、すらりとした体形で、黄褐色の地に黒点が列になって並んでいる。これは、オオボシオオスガという小蛾である。幼虫をマユミの枝ごと採り、家にもち帰って形態をスケッチする。しらべ終わって、一部はそのまま飼育し、残りは庭の隅に捨てた。幼虫がぱらぱら地上に落ちた。するとたちまちアリが集まってきて、幼虫に食いついてきた。この幼虫は、アリにきわめて好まれるようだ。スガ（巣蛾）の仲間はみんな、くもの巣状の網を張って群生しているが、どんな理由で網を張るのだろうか。私はまええから、こんな疑問をもっていたのだが、いま、わかった。くもの巣状の網は、アリにたいする防衛網だったのだ。(注)

ヤマトシジミ ―ふるさとは温暖な乾燥大陸―

七ヶ浜の農道を歩いていると、いたるところで、羽の青い小さな蝶がちょろちょろ舞っている。ヤマトシジミだった。羽の青いシジミチョウのことを、ヨーロッパではブルー（Blue）と呼んでいる。仙台周辺の平野部で、もっとも個体数の多いブルーといえば、ヤマトシジミが筆頭にあげられる。わが家のまわりでも、春から秋おそくまで、いつでも目につくのは、この蝶である。森林教室のみなさんが撮った蝶の写真をしら

(注)オビカレハの幼虫は、天幕毛虫と呼ばれている。ウメやリンゴの枝先に、くもの巣状の網を張って群生している。クワゴマダラヒトリも、オビカレハも、そして、アメリカシロヒトリも、若・中齢幼虫時代、天幕状の網を張って群生する。これは、野鳥（スズメやシジュウカラなど）や肉食性の蜂（アシナガバチなど）にたいする毛虫側の防衛戦略、と考えられているが、もしかしたら、アリにたいする防衛網の可能性もある。アメリカシロヒトリは、戦後、アメリカから侵入してきた蛾である。これも「なんでも屋」であるが、とくにサクラ・クワ・プラタナスの葉を好む。昭和二十〜四十年代は、街の街路樹や郊外の公園樹にしばしば大発生していたが、最近は大発生しなくなった。日本の天敵たちが、アメリカシロヒトリの存在に気づいて、抑えこむようになったからだろう。一般に、樹の葉を食べる虫は、むやみに数を増やすことはない。天敵群が虫の「増えすぎ」を抑えているからである。私は、これを「集団安全保障システム」と呼んでいる（西口『森林インストラクター　森の動物・昆虫学のすすめ』）が、アメリカシロヒトリにたいしても、ようやく、集団安全保障システムが機能するようになったのだと思う。

図22　ヤマトシジミ（仙台、S. Ito 撮影）
カラー口絵⑧参照

べてみても、ヤマトシジミが圧倒的に多い。あまりにも、どこにでもみられるので、それに、小さくて、容姿もたいへん地味だから、蝶屋さんだって、だれも、見むきもしない。しかし、考えてみれば「ふしぎ」である。ヤマトシジミは、どうして都市近辺で大繁栄しているのだろうか。こんな疑問が、私を、ヤマトシジミの身元しらべに駆りたてることになった。

蝶類図鑑をしらべてみると、ヤマトシジミの分布は、本州の東北南部（宮城県）がほぼ北限で、東北北部ではまれとなり、北海道にはもう生息しない。おなじように、仙台周辺の平野部で大繁栄しているツバメシジミやルリシジミは、日本（北海道をふくめ）からヨーロッパまで分布を広げているのに、ヤマトシジミは、ヨーロッパには分布しない。ユーラシア大陸の北部草原地帯は、寒くてとおれないからであろう。ヤマトシジミは寒がり屋なのである。

ヤマトシジミは、日本では本州から南西諸島に分布し、日本以外では、朝鮮半島南部、台湾、フィリピンから中国中・南部をとおり、さらに、インドシナ半島北部から、ビルマ、インド、パキスタン、イランにまで分布を広げている。暖地系の蝶であるが、しかし、マレー半島、ボルネオ、スマトラ、ジャワなど、熱帯東南アジアの島じまには生息しない。

図23　ツバメシジミ（仙台、S. Ito 撮影）
カラー口絵⑨参照

私は最初、ヤマトシジミが熱帯の海洋性気候を嫌っているのではないか、と考えたが、どうもそうではなく、餌植物であるカタバミが熱帯の湿性風土を好まないのだ、と考えなおすようになった。理由は、カタバミが乾燥大陸うまれの草だからである。

カタバミの雑草化、ヤマトシジミの雑蝶化

現在、ヤマトシジミは、都市近辺で大繁栄している。しかし、都市という環境は、自然環境ではない。ヤマトシジミは、もともと、どんな場所に棲んでいたのだろうか。保育社『原色日本蝶類生態図鑑（Ⅲ）』には、つぎのような記事があった。

「ヤマトシジミのもともとの生息地は、カタバミの自生する海岸台地などと推定されるが、現在は、耕作地周辺、路傍、石垣、庭園、駐車場、運動場、ゴルフ場、堤防など、カタバミの存在するところなら、どこでも姿を見せる。」

カタバミは、アスファルト道路の割れ目にも発生する。都市的環境への適応力が大きい植物、といえそうだが、じつは、都市的自然は、裸地化した、超乾燥する環境で、そんな場所は、ふつうの植物には耐えられ

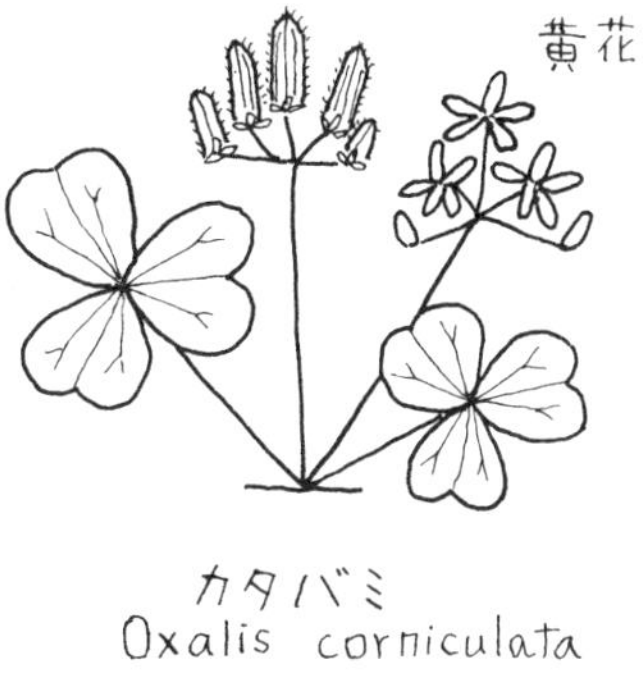

図24　ヤマトシジミの餌植物

ない。カタバミは、そんな、きびしい環境によく耐える力がある。忍耐の植物なのである。

ヤマトシジミの餌植物は、唯一、カタバミである。ヤマトシジミは、一族の発展をカタバミに託した蝶なのである。では、カタバミ *Oxalis corniculata* とは、どんな草なのだろうか。もともと、どんなところに棲んでいたのだろうか。

平凡社『日本の野生植物・草本（フィールド版）』によると、カタバミは、北海道から沖縄まで分布している。ヤマトシジミにくらべると、寒さにつよいことがわかる。世界的には、温帯から熱帯に広く分布する、とある。しかし、カタバミが現在、熱帯地域に分布しているとしても、それがもともとの熱帯植物であったか、疑わしい。

私は、なん年かまえ、シンガポールを観光旅行したとき、道端でカタバミの黄色い花をみたことがある。そのときは、なんの疑問も感じなかったのだが、いまヤマトシジミのことをしらべていて、マレー半島にはヤマトシジミが分布しないことを知った。カタバミがあるのに、ヤマトシジミはいない。なぜ？　こんな疑問が湧いてきた。

本棚に、シンガポール空港の本屋で買った本、I. Polunin『シンガポールの植物と花』があった。読んでみると、「カタバミ *O. corniculata* は、都市部の道端に生える雑草」とあった。また、こうも書いてあった。「カタバミは、ヨーロッパに自生する草でありながら、シンガポールにも分布する植物のひとつで、そんな例はごくまれである」と。

そうか、カタバミは、もともと熱帯植物ではなかったのだ。カタバミは、ごく最近になって、人間についてきて、シンガポールの街にやってきたのにちがいない。シンガポールやマレー半島にヤマトシジミが分布しないのは、餌植物のカタバミが、もともと自生していなかったからだ。私は、こう確信した。

カタバミの、もともとのすみ家は、ユーラシア大陸中〜南部の、がらがらした乾燥大地ではなかったか、と想像する。だから、裸地化した、乾燥する都市環境にも棲めるのである。そんなカタバミが日本列島にも入ってきた。日本は森林国だから、カタバミの棲めそうな場所といえば、海岸の、岩と砂礫《されき》からなる台地が想定できる。そのあたりは、第一級の陽樹・クロマツのすみ家でもある。カタバミはそこで、クロマツと仲良く、ひっそりと暮らしていたのかもしれない。カタバミは、自然条件下では、そんなに勢力を張っていた草ではない、と思う。ところが、ヒトがやってきて、森林を伐採し、土地を耕し、都市を建設することによって、地球上に砂漠的環境が拡大していく。そのことが、カタバミの生息

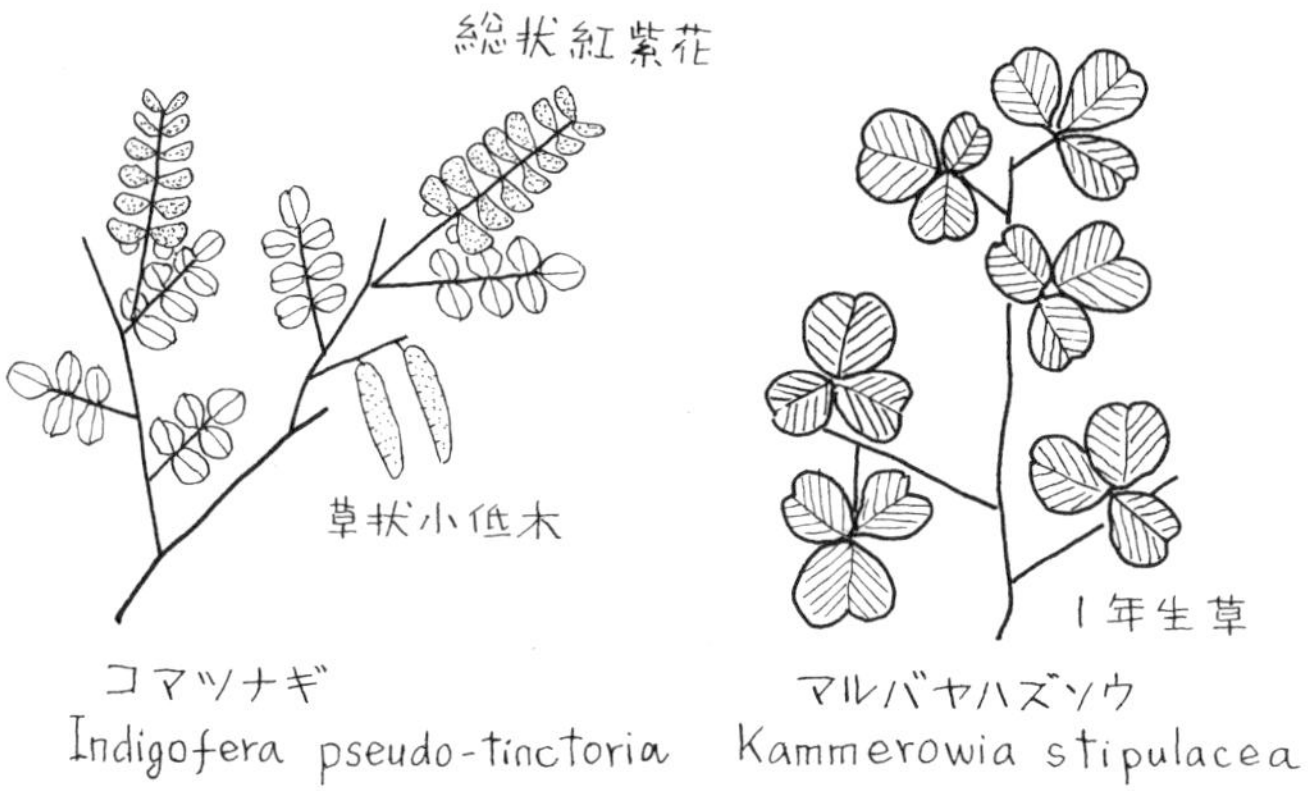

図25　シルビアシジミの餌植物

場所拡大につながっていったのだろう。カタバミの雑草化である。

そして、ヤマトシジミも、そんなカタバミに乗っかって、都市的自然のなかで大繁栄していく。雑草ならぬ雑蝶になっていった、というわけである。

シルビアシジミ　―ヤマトシジミの遠い先祖か―

ヤマトシジミは、学名を *Pseudozizeeria maha* という。一属一種という、かなりの変わりものである。よく似た蝶にシルビアシジミがいる。シルビアシジミは、学名を *Zizina otis* という。ヤマトシジミとは別属の蝶であるが、蝶類図鑑で見ると、羽の裏側の黒点の配置模様がヤマトシジミにそっくりで、新米の蝶屋（私）にとっては、区別しにくいほど、よく似ている。

シルビアシジミの日本における主たる分布は近畿以西で、東日本ではまれとなり、東北にはもう生息しない。ヤマトシジミより、寒さが苦手なのだろう。餌植物はミヤコグサ、ヤハズソウ、コマツナギなどのマメ科草で、西日本では、食草の生える海岸や河川敷の草地に、局所的に発生するという。

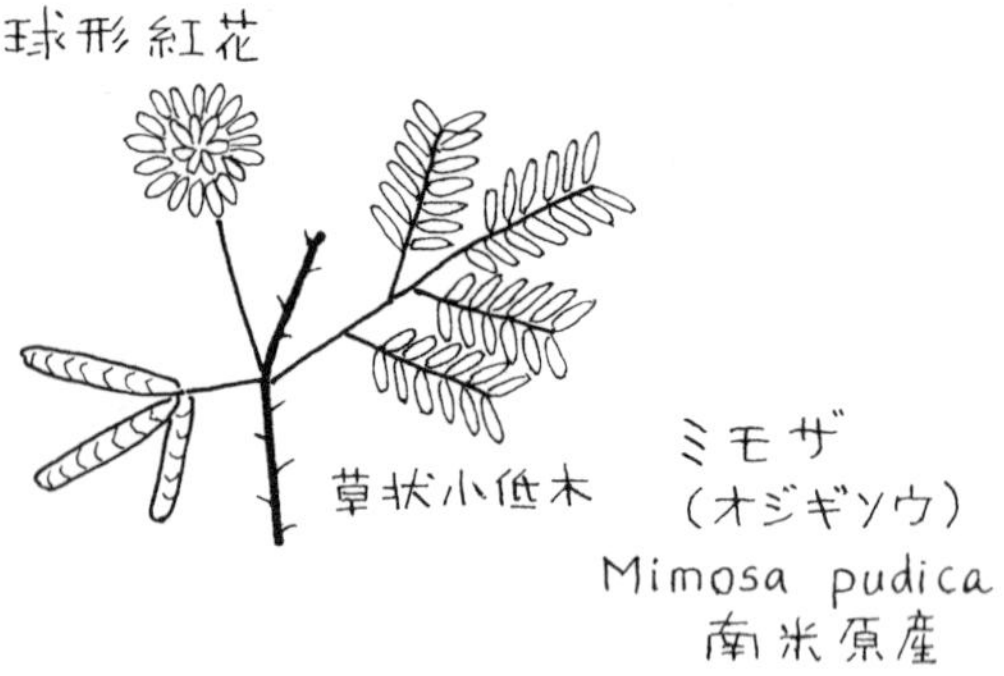

図26　シルビアシジミの餌植物

シルビアシジミは、日本を北限として、台湾、中国南部、ビルマ、インド、インドシナ半島、マレー半島から、熱帯東南アジアの島じまをへてオーストラリアまで、広く分布している。ヤマトシジミとは逆に、熱帯雨林の広がる地域に生息している蝶といえる。しかし、もともと草原の蝶だから、森林が熱帯を支配していた時代には、それほど生息数は多くはなかっただろう。熱帯での餌植物は、ヤハズソウやコマツナギに近いマメ科草だと思う。

ところが現在、シルビアシジミは東南アジアの都市周辺で大繁栄している。原因は二つ考えられる。ひとつは、人間による森林伐採・都市造成が地域を裸地化したこと、もうひとつは、その裸地に南米原産の園芸植物・ミモザ（オジギソウ、マメ科）が野生化し、雑草化したこと、である。ミモザは、草のようにみえるが、じつは、背の低い木である。シルビアシジミは、ミモザに食餌転換して、雑草ならぬ雑蝶になったのである。この情況は、カタバミの雑草化に便乗した日本のヤマトシジミに似ている。

シルビアシジミは、最近、ニュージーランドにも侵入しているが、卵か幼虫がミモザにくっついていったもの、と私はみている。私が、シルビアシジミの存在をつよく意識したのは、ニュージーランドでこの蝶をみたときである（西口『森のなんでも研究』）。

シルビアシジミは、日本人にとっては、なじみのうすい蝶ではあるが、ニュージーランドの山をトレッキングするときは、かならず出会う蝶である。ニュージーランドは蝶の種類の少ない国で、羽の青い蝶（ブルー）は、この一種しか存在しない。覚えておきたい蝶のひとつである。そのためには、庭先に飛んでくるヤマトシジミ（シルビアシジミに似ている）を、ふだんから、しっかりみておく必要がある。ニュージーランドではCommon Blue（どこにでもいるブルー）と呼ばれているが、もし出会ったら、「シルビアブルー」というニック・ネームで呼んであげてほしい。（注）

（注）シルビアとは、医学博士・中原和郎の長女の名前だそうである。中原先生は、お医者さんのくせに、蝶の研究ばかりしていて、シルビアシジミを発見したのである。それまでは、ヤマトシジミと思われていたようである。

ヤマトシジミの日本渡来　―古くて、抜群の忍耐力―

ヤマトシジミは一属一種を形成している。シルビアシジミも一属一種の蝶である。一属一種は、発展の止まってしまった、原始的な蝶であることを示している。両者は別属であるが、形態はよく似ている。おそらく、共通の先祖から分かれた遠い親戚ではないか、と思う。つまり、根っこはおなじなのである。ただ、両者が別属になっている、ということは、両者が分かれてから、そうとう長い年代が経過していることを示している。両者の別離は、一〇〇〇万年まえより以前におきた、と私は推測する。

両者の関係は、シルビアシジミのほうが先祖だと思う。シルビアシジミが先に、マメ科草を食餌にして、熱帯東南アジアの島じまを拠点に、シルビアシジミ王国を形成していたのではないか。そして、その王国を出て北上し、インドシナ半島から内陸深く侵入し、食餌をマメ科からカタバミ科（系統的にはマメ科に近い）に転換して、乾燥大陸に独自のテリトリーを構築したのがヤマトシジミである。私は、このように推理するのである。

では、ヤマトシジミは、いつごろ、どのルートをとおって、日本にやってきたのだろうか。寒さによわいから、朝鮮半島経由は考えられない。ヤマトシジミは現在、日本の南西諸島に生息するから、大陸から南西諸島経由で日本本土に入ってきた、と考えるのが合理的だろう。では、いつごろ、大陸から南西諸島に入ってきたのだろうか。南西諸島は、一〇〇〇万年ほどまえより以前は、中国大陸とつながっていた（神谷『琉球列島の生いたち』）。そんな古い時代に、ヤマトシジミは、大陸から日本の南西諸島に入り、さらに日本本土に渡った、と私はみている。

南西諸島は、早くから、大陸からも、日本本土からも切り離された

「隔離列島」である。だから、中国大陸から南西諸島をとおって日本本土まで連続分布している蝶は、そうとう古いタイプの蝶といえる（つよい飛翔力をもつ旅蝶は別として）。

ヤマトシジミやシルビアシジミは、古い時代から現在にいたるまで、長い年月、生きつづけてきた蝶である。なのに、大陸種・沖縄種・日本本土種のあいだで、いまなお同種性を維持している（若干変化して別亜種にはなっているが）。これは、変化することを止めてしまった、と考えざるをえない。原始的な蝶なのである。ほかに、そんな例があるだろうか。蝶類図鑑をしらべてみたら、ゴイシシジミもそんな蝶のひとつだった。(注)

原始的な生きものは、一般に、生存競争によわい。だから、大陸の仲間は滅亡し、隔離列島・沖縄に、あるいは、日本本州に守られて、やっと生き残っている蝶もいる。たとえば、リュウキュウヒメジャノメ、リユウキュウウラナミジャノメ（9章）、ヒカゲチョウ、アサマイチモンジ（ともに8章）などがその例である。これらは、人間が保護してやらないと、すぐ滅びてしまうよわさをもっている。

ところが、ヤマトシジミやシルビアシジミには、そんな「ひよわさ」

（注）ゴイシシジミについては、後日、あらためて、ルーツ追跡をやってみるつもりでいる。

図27　ゴイシシジミ（宮城県、R. Akiyama 撮影）
カラー口絵⑩参照

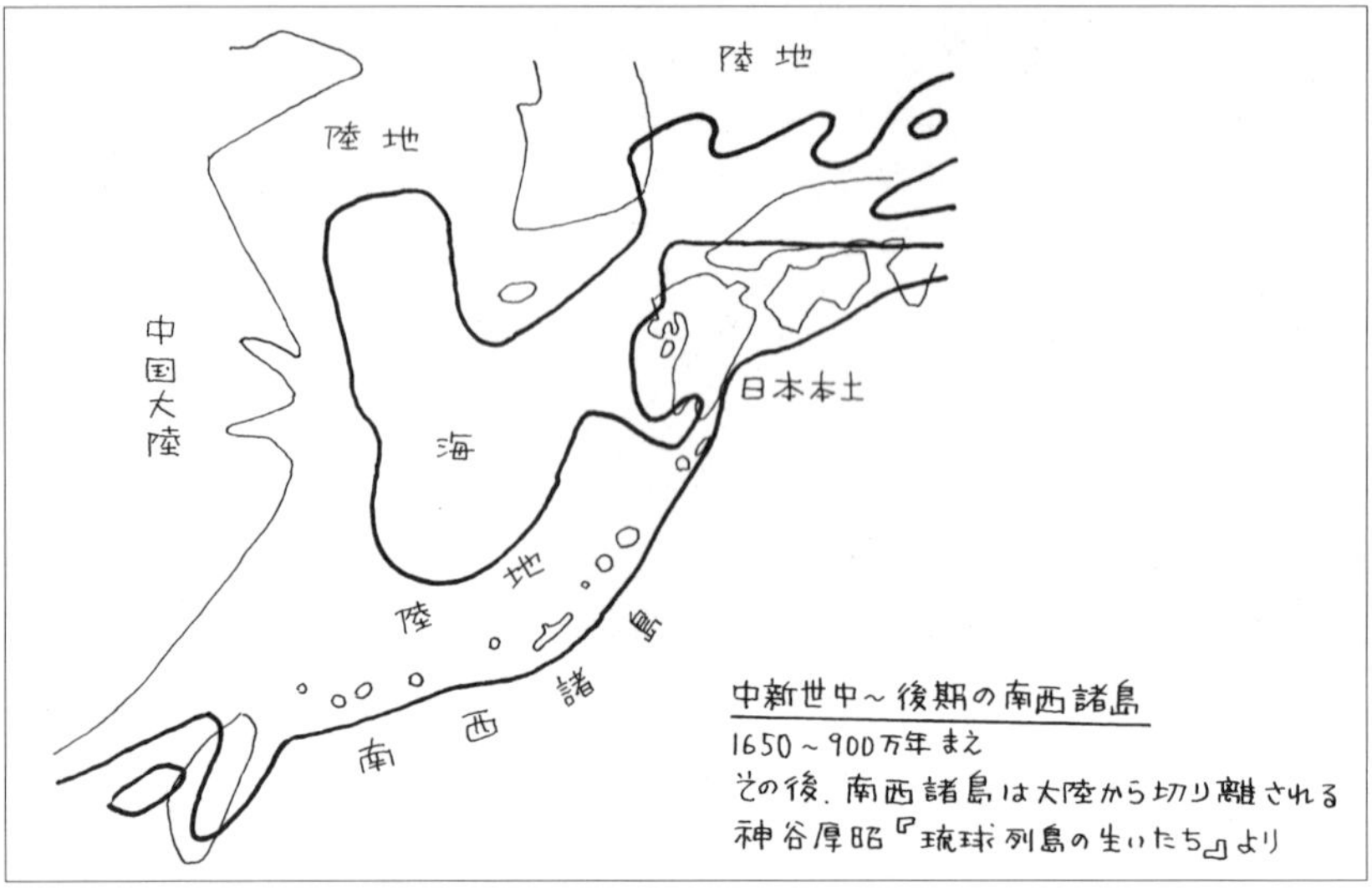

図28　南西諸島

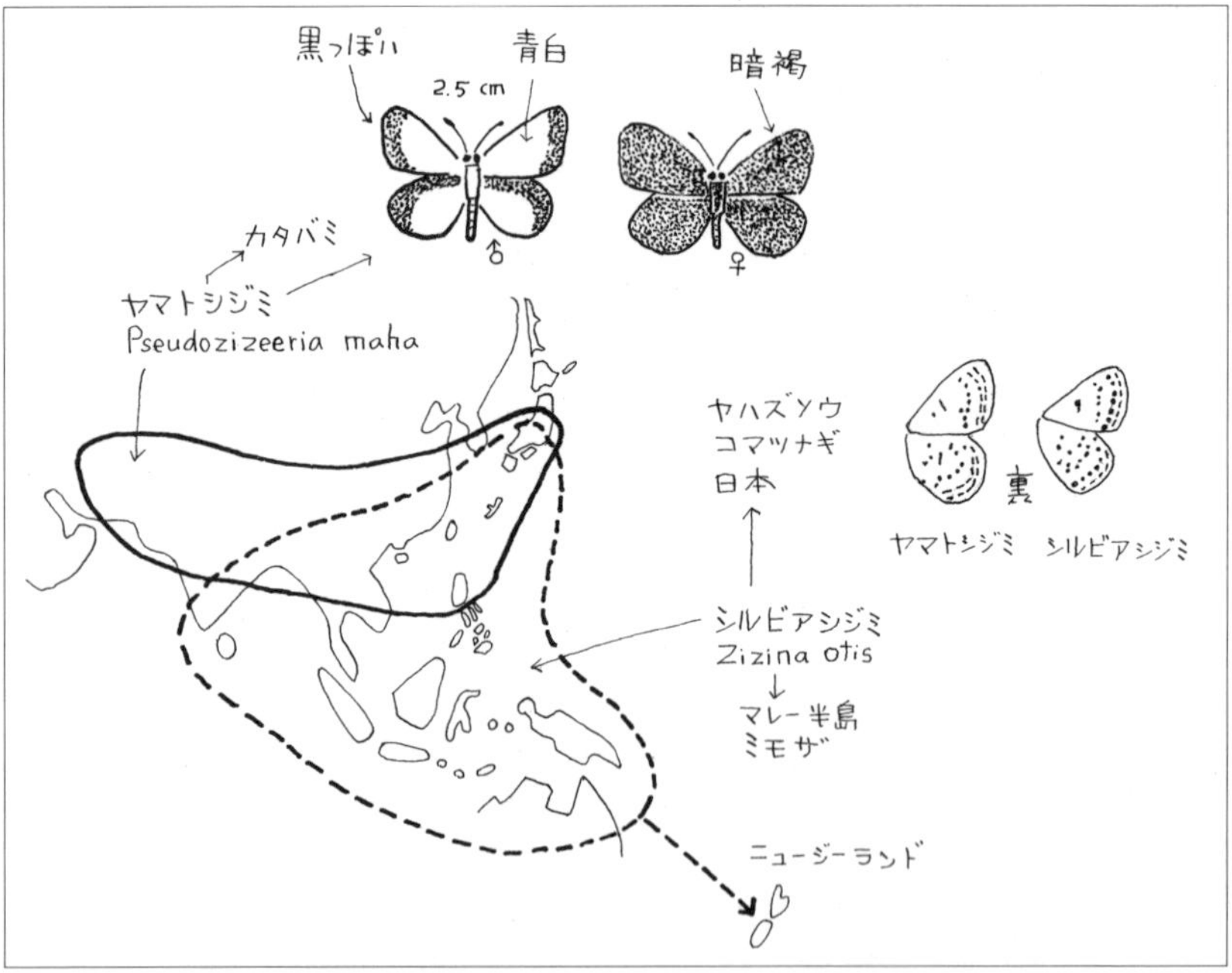

図29　ヤマトシジミとシルビアシジミの分布図

がない。抜群の忍耐力をもっている。生存競争のきびしい大陸で、いまでも生き残っているのが、その証拠である。大陸―沖縄―日本本土と連続分布するヤマトシジミやシルビアシジミは、「ただもの」ではない。

ヤマトシジミは、長い年月、なんども修羅場を経験し、耐えぬいてきた。そんなヤマトシジミに、いま、わが世の春がやってきたのである。がまんして、がんばってきて、よかったね。私は、ヤマトシジミの日本へ来た道をしらべていて、ヤマトシジミの存在意味がすこし理解できた。ほんとうなら、手厚く保護してあげなければならない蝶だった。雑蝶、なんて言って、ゴメン。

シルビアシジミの危機

ヤマトシジミは、日本に来て、いま、大繁栄の幸福にひたっている。しかし、日本列島のシルビアシジミは、現在、衰亡の危機に立っているらしい。青山によると、最近、個体数が激減しているという。日本列島のシルビアシジミに、いったい、なにが起きているのだろうか。原因は、シルビアシジミの生息地である海岸や河川敷の草地が、外来種の芝などで固められ、ミヤコグサ、ヤハズソウ、コマツナギなどの食草が消えてしまったからではないか。私はそう疑っている。そこでひとつ提言がある。これからの河川敷の改良工事では、ノシバと、ヤハズソウやコマツナギなど、日本在来の草種使用を検討してもらいたい。こんなことは、土木業者にはわからないから、地元の蝶類愛好家も声を出してほしい。

シルビアシジミは、地味な、小さい蝶である。だれからも、見むきもされない。そして、迫りくる危機に、じっと耐えている。このけなげな蝶に、愛の手をさしのべてください。

4章　「春の妖精」の条件
―スギタニルリシジミ―

スギタニルリシジミ　―トチノキの花に生きる―

スギタニルリシジミの渓谷

私がスギタニルリシジミに出会ったのは、もう一三年ほどまえのこと、鳴子・中山平にある山小屋のまえだった。時は四月の末だった。七ヶ浜はすっかり春らしい季節になっていた。鳴子の山小屋の森には、もう、クロツグミが来ているかもしれない。急に思いたって、朝早く山小屋へ出かけた。約二時間で到着。朝食をすませ、蝶類図鑑を眺めていると、「スギタニルリシジミの成虫は四月中旬から五月にかけて出現する」とある。なんだ、ちょうど今ではないか。捕虫網をもって、山小屋のまえの、大深沢への山道を降りていった。道のそばのあちこちにトチノキが生えている。大木もあれば若木もある。日あたりのよい場所に陣取って、蝶の飛来を待った。するとどうだ。ものの二、三分もしないうちに、小さ

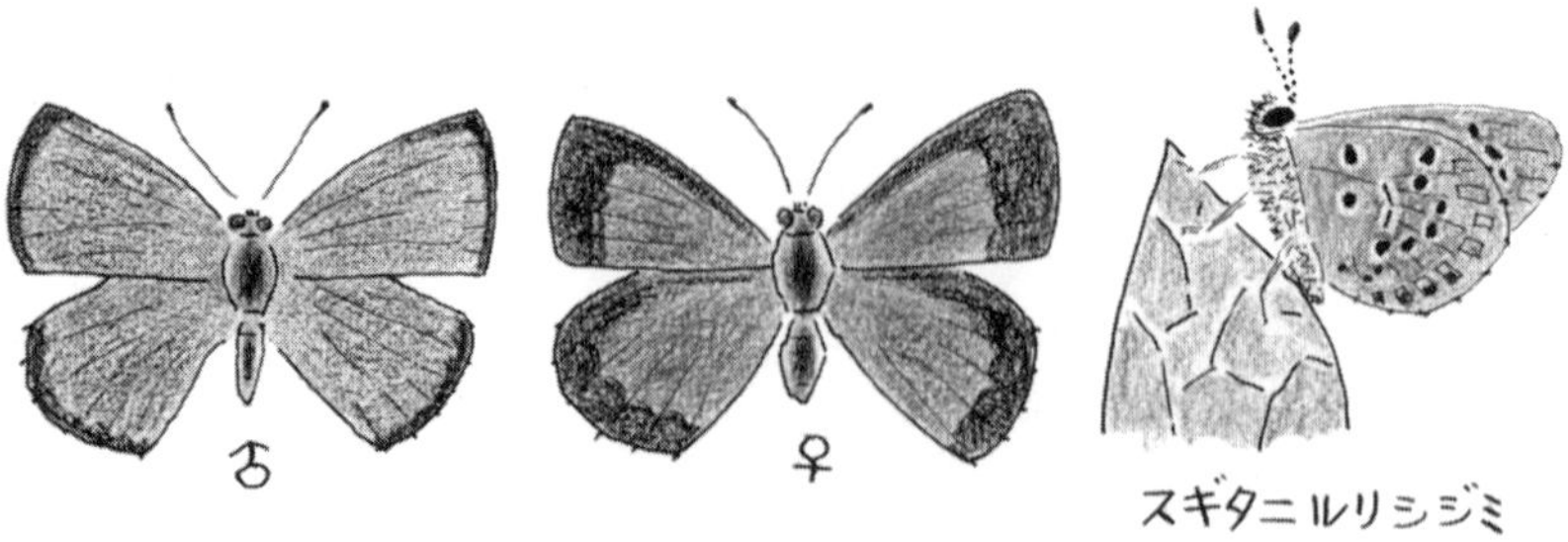

図30　スギタニルリシジミ
カラー口絵⑪参照

なシジミチョウが舞い降りてきた。羽の表側は青色だが、裏側がやや暗い褐色をしている。
スギタニルリだ、と直感した。すばやくネットを振る。なんなく捕獲して三角紙に収める。しばらく待っていると、また一匹、舞い降りてきた。これも捕獲。かくして、一時間ほどで一〇匹ばかり捕獲した。種類をしらべるには、これで十分だろう。山小屋に帰って図鑑をしらべてみると、雄と雌で色彩はすこし異なるが、まさしくスギタニルリシジミだった。一匹だけ、いくらか大きくて、羽の裏側が白っぽい個体があった。これは、ふつうのルリシジミだった。（西口『森のシナリオ』より）
大学の現役時代は蛾に興味があり、蝶にはそれほど関心をもっていなかった。私の専門は森林保護学で、樹に害を与えるのは蛾の仲間が多かったからである。定年で大学をやめてから、また、蝶に興味が湧いてきた。少年時代の再来である。そのなかでも、樹の葉を餌にしている蝶に興味がむいた。現役を退いても、はじめのころは、どうしても、樹から離れられなかったのである。だから、森の蝶・ゼフィルス（ミドリシジミ群）にはおおいに興味を感じていた。しかし、ルリシジミの仲間は、草本を餌にしているものが多く、関心の度合いは低かった。ただ、スギタニルリシジミだけは興味を感じていた。それは、トチノキの花を餌にしている森の蝶だからだ。

スギタニルリシジミ *Celastrina sugitanii* は、ブナの森の谷間に棲む蝶であり、幼虫はトチノキの花を食べる。福田晴夫・高橋真弓『蝶の生態と観察』によると、スギタニルリシジミの分布は、トチノキの分布とほぼ一致している。ただ、トチノキが分布しない地域（北海道東部など）では、ミズキの花を食べることもある、という。そういう「はみだしもの」はいるが、スギタニルリシジミは、ブナの森を本拠地としており、トチノキの花に種族の発展を託した蝶、といえる。

スギタニルリシジミは、中国大陸にも生息するらしいが、本場は日本、と私はみている。理由は、ブナの本場が日本にあり、トチノキもスギタニルリシジミも、ブナの森の生きものだからである。

私も、ブナの森が大好きで、トチノキの花が大好きで、山小屋の庭に、ブナとトチノキの苗を二、三本植えている。ブナはのんびり成長していくが、トチノキはどんどん成長して、いまでは枝の剪定に苦労するようになった。それはともかく、早く花を咲かせて、スギタニルリシジミをわが家に呼んでくれないかと願っている。花芽に産卵する蝶の姿を、そして、花を食べる幼虫の姿を、この目で観察してみたいのである。

「春の妖精」の条件

スギタニルリシジミについては、もうひとつの興味がある。それは、成虫が春にしか出現しないこと、である。だから、「春の妖精」と呼ばれるのだが、スギタニルリシジミは、どうして、春にしか出現しないのか、それは、なにを意味するのだろうか。それはそういうもの、と思ってしまえば、なんの疑問も湧いてこないが、机にむかって蝶物語のシナリオを考えていると、だんだん「ふしぎ」心が目覚めてくる。「春出現」の理由が知りたくなってくるのである。

スギタニルリシジミは、春に出現して、トチノキの花芽に産卵する。孵化《ふか》幼虫は、花のつぼみを食べる。しかし、トチノキの花は、春にしか得られない。スギタニルリシジミが年一回しか繁殖できないのは、トチノキの花にこだわっているからである。

しかしスギタニルリシジミが、子供（幼虫）に、トチノキの花を与えたいのであれば、その方法はいろいろある。現在やっているように、成虫が、春早く目覚めて飛び出し、花芽に産卵する、というのもひとつの方法だが、それが最良の方法なのかどうか。別の方法もあるのではないか。そこで、おせっかいなことかもしれないが、スギタニルリシジミに代わって、考えてみた。こんな場合、つまり、春出てくる軟らかい葉や

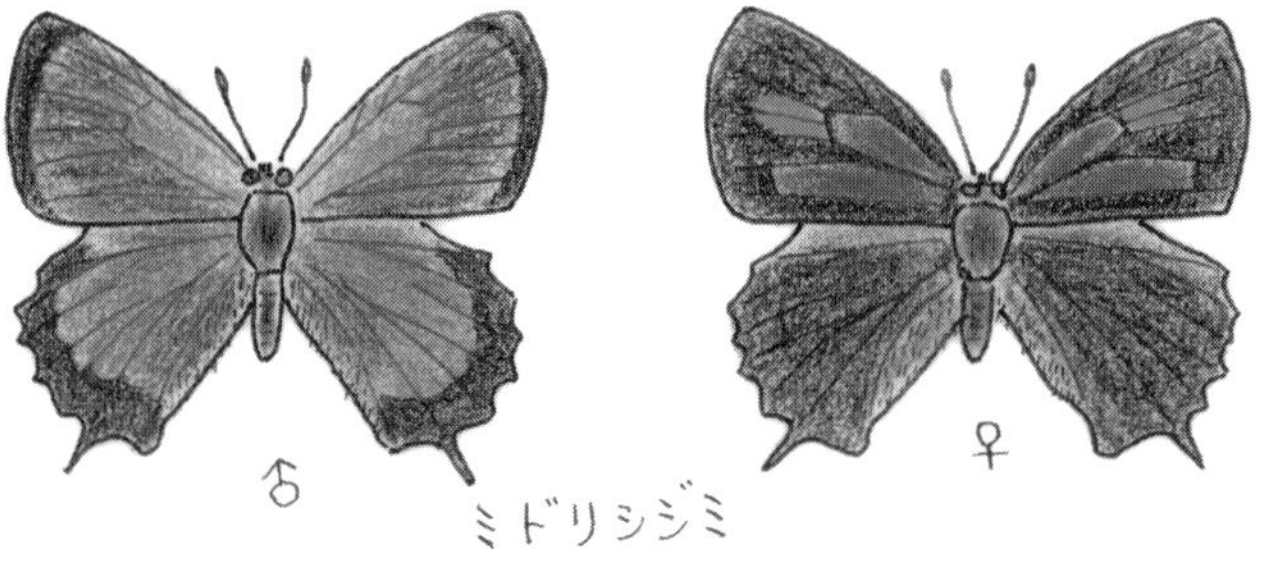

図31　ミドリシジミ（西風の神）
カラー口絵⑫参照

花を、幼虫に食べさせてやりたいとき、ほかの蝶や蛾たちは、どんな方法をとっているのであろうか。蝶や蛾の図鑑からしらべてみた。

①卵で越冬する方法　―ゼフィルスとフユシャク―

（a）ゼフィルス（ミドリシジミ群）の場合

まえの年に、餌となる木の幹や枝に産卵しておき、卵で冬を越し、暖かくなって、花のつぼみ（あるいは若葉）が膨らんでくるころを見はからって、卵が孵化する、というやり方である。この場合、問題は冬の寒さであるが、これは、卵殻を硬くすることによって、しのげる。この方法は、森の蝶と呼ばれているゼフィルスたち（ミドリシジミ群）がやっている方法である。

　卵で冬を越し、卵の孵化を食樹の葉の展開開始にあわせれば、幼虫は軟らかい新葉にありつける。幼虫の成熟には一～二ヶ月かかるから、成虫の出現は初夏以降となる。ミドリシジミ類の多くは、夏、六月下旬から七月下旬に出現する。そのころ、ヨーロッパでは、西から「そよ風」が吹く。それで、ミドリシジミ類のことを、「ゼフィルス―西風の神―」と呼んでいる。しかし日本では、西風は冬の烈風、をイメージさせる。そこで私は、ゼフィルスのことを、「七月の舞姫」と呼びたい。少年のころ、いつだったか、夕日のあたる雑木林の林冠を、緑色のゼフィルスの群れが、きらきら光りながら舞っているのをみたことがある。それは、感動の一瞬だった。その場所がどこだったのか、思い出せないでいる。

夏に出現したゼフィルスの成虫（蝶）は、それぞれの食樹に産卵する。卵は、すぐに孵化することはなく、そのまま、秋から冬を越して、春を迎える。そして、若葉が出るころ、卵は孵化する。ゼフィルス類はすべて、繁殖は年一回で、幼虫は春にのみ出現し、真夏に現われることはない。それは、餌植物が樹木で、樹木の葉は、夏になると熟して硬くなり、ゼフィルスの幼虫にとっては、夏葉を食べるのが困難となるからだ、と思う。ゼフィルスたちの幼虫は、歯と腸がきゃしゃにできているようだ。やっぱり、ゼフィルスは「お姫さま」なのだ。

（b）フユシャク（冬尺）の場合

成虫が秋遅くから冬に出現してくるシャクガの仲間がいる。冬に出てくるシャクガ（幼虫は尺とり虫）、という意味で「冬尺」と呼ばれている。フユシャクは「春の妖精」ならぬ「冬の妖精」なのである。しかし、妖精というには活発性に欠ける。この仲間は飛ぶのがへたで、もし、夏の森のなかを、ひらひら飛んでいては、すぐ、野鳥にやられてしまうだろ

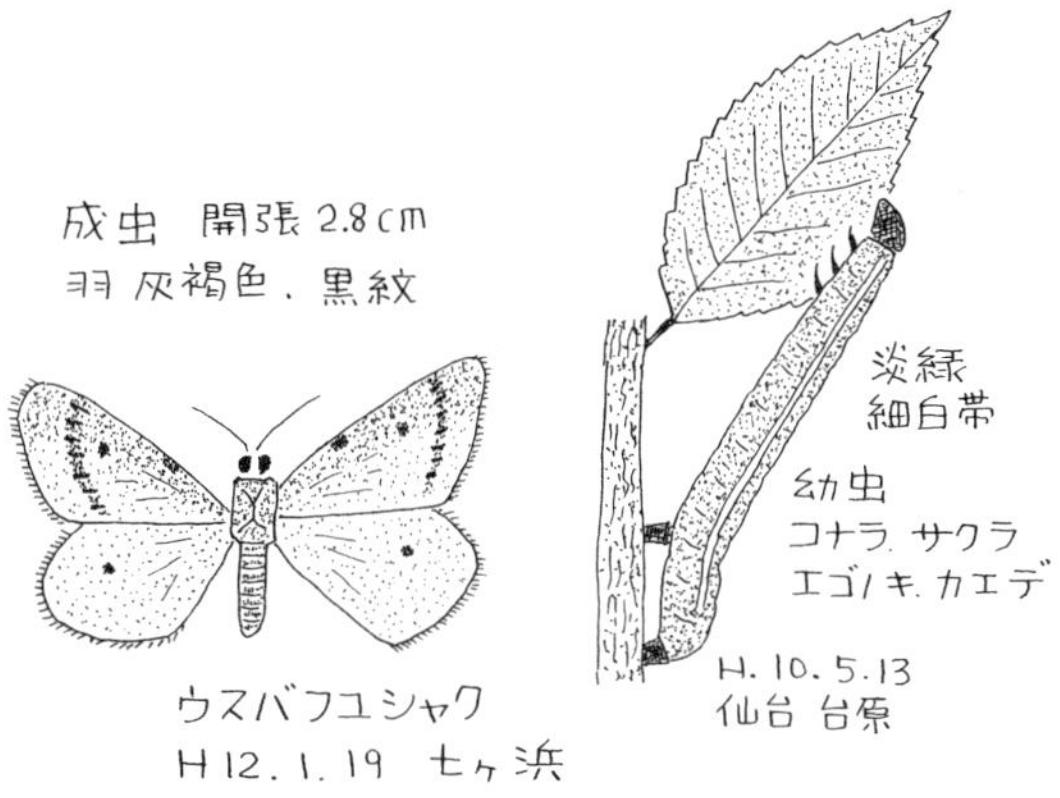

図32　フユシャクの一種

う。それに、夏の森は下層にくもの巣があちこちに張ってあって、フユシャクは、この網も嫌っているようにみえる。だから、くもの巣のない冬に出現するようになったのだ、と私は考えている（西口『森の命の物語』）。フユシャクの卵は、秋遅くから冬にかけて、食餌となる樹の枝や幹に産みつけられる。

　日本では、フユシャクの仲間は二十数種知られているが、そのすべては、樹木の葉を食餌にしている。卵期間は比較的短いが、幼虫の孵化は新葉の展開時期に間に合う。幼虫は軟らかい若葉を食べて育つ。初夏には成熟して蛹《さなぎ》になるが、成虫は夏を嫌っているから、夏から秋遅くまで、蛹の状態ですごす。フユシャクはフユシャクで、こんな生活戦略をたてているのだが、幼虫に春の若葉を与えてやりたい、という親ごころは、ゼフィルスたちとおなじである。フユシャクたちも、幼虫の歯と腸はきゃしゃにできているのではないか、と思う。だから、発生は年一回である。

② 幼虫で越冬する方法
―セグロシャチホコの場合―

幼虫が春の若葉にありつけるもうひとつの方法は、幼虫で冬を越す、という方法である。私は若いとき、北海道で、ポプラの葉を食べる蛾の研究をしていた。よく大発生して、ポプラの葉を丸ぼうずにするのは、セグロシャチホコ（シャチホコガ科の一種）という種だった。そこで、防除対策をたてるために、セグロシャチホコの生活史—卵から成虫まで—を、こまかく観察してみた。おどろいたことがひとつある。それは、初秋、卵から生まれて間もない幼虫が、そのまま、厳しい冬を越していったからである。

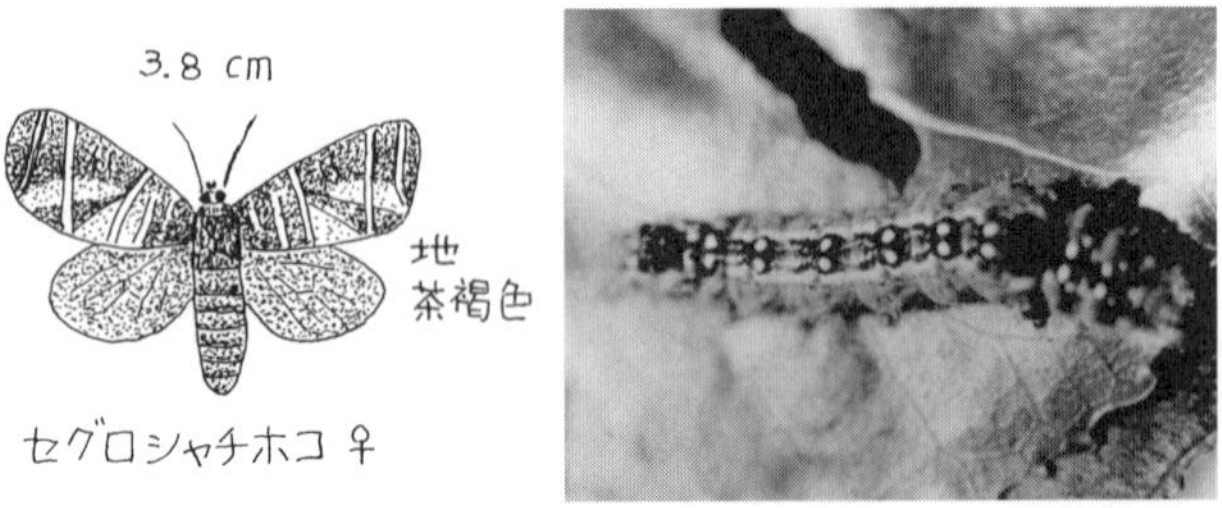

図33　セグロシャチホコの成虫と幼虫

最初に湧いてきた疑問は、なぜ、幼虫で冬を越すのか、という疑問である。答えはひとつ、春、できるだけ早く、ポプラの若葉を食べたいからである。ポプラの葉を食餌にしている虫はたくさんいて、どれもが、軟らかくて、栄養のある新葉を狙っている。だから、だれよりも早く、新葉が開いてきたら、すぐ対応できるよう、セグロシャチホコは、幼虫の態勢で冬を越す、という戦略を組み立てたのである。

この場合、大きな問題は冬の寒さである。幼虫は、軟らかい皮膚からできていて、卵や蛹にくらべると、寒さによわい。では、セグロシャチホコの幼虫は、どんな対策をとっているのだろうか。

初秋、卵から孵化した幼虫（三〜四ミリぐらい）は、なにも食べず、幹を降り、地際近くの、樹皮の割れ目にもぐりこんで、冬ごもりに入るのだが、そのまえに一回脱皮して、二齢で越冬態勢に入る。しかし、孵化してからずっと食事をしてないから、脱皮しても、幼虫の大きさは変わらない。なんでこんなことをするのだろうか。この行動に気づいたとき、最初は、おどろいたり、ふしぎに思ったりしていたが、だんだん、セグロシャチホコの作戦がよめてきた。越冬まえの脱皮は、冬の寒さに耐えられるよう、水分を少なく、脂肪分を多くする、という体質改造のためではないのか。こう考えると納得できた。この、セグロチャチホコの幼虫越冬作戦は、みごとに成功した。春、ポプラが芽吹くと、いの一番に集まってきて、ポプラの若葉を独占したのである。

セグロシャチホコの幼虫が成熟するには一〜二ヶ月かかるから、第一回目の蛾の出現は初夏となる。そうすると、真夏にもう一回、繁殖することが可能となる。ゼフィルスたちにはできなかったけれど、セグロシャチホコはそれを断行した。セグロシャチホコが年二回発生できるのは、幼虫が、熟した夏の樹葉でも食べられるよう、鋭い歯と強靭な腸をもっているからだ、と思う。セグロシャチホコは、「お姫さま」ではなかった。シャチホコガ科は、樹の葉を食餌にしている蛾群であるが、みんな、鋭い歯と強靭な腸をもっているにちがいない。

スギタニルリシジミの意図

スギタニルリシジミは、幼虫にトチノキの花を与えてやりたい、と願っている。では、そのための準備として、セグロシャチホコのような幼虫越冬や、ゼフィルスのような卵越冬を考えなかったのだろうか。考えるまでもなく、幼虫越冬は無理である。夏にはトチノキの花がないから、幼虫は生きていけない。だから当然、幼虫で冬を越すことも、ありえない。

では、ゼフィルスのように、卵越冬はどうか。スギタニルリシジミの場合、トチノキの花穂で成熟した幼虫は、そのまま花穂とともに落下し、林内の地上のどこかで蛹となり、その状態で夏、秋、冬をすごして、翌春に羽化してくる。この場合、落下花穂のなかで蛹となり、夏に成虫となって、トチノキの枝先に産卵してしまえば、卵越冬も可能となる。ゼフィルスたちがそうしているように。

スギタニルリシジミも、ゼフィルスも、初夏に蛹となる。この点はおなじなのだが、ゼフィルスたちの蛹はすぐ目覚めて成虫になるのに、スギタニルリシジミの蛹は翌年の春まで目覚めてこない。ここが、「夏の舞姫」になるか、「春の妖精」になるかの分かれ道となる。スギタニルリシジミは、春の妖精への道を選択したのだ。スギタニルリシジミは、なぜ、ゼフィルスとおなじ道を選ばなかったのか。結局、私はいまだに、スギタニルリシジミの意図をつかみかねている。

ルリシジミ　―日本は天国か―

樹の花なら、なんでもいただく　―すごいバイタリティーの持ち主―

図34　ルリシジミ（宮城県柴田町、S. Ito 撮影）

スギタニルリシジミと同属で、おなじように樹の花を食べる蝶がいる。ルリシジミ *Celastrina argiolus* である。ルリシジミは、日本全土、里山から奥山まで、樹林が存在するところには、どこでも生息する。国外では、中国からヨーロッパまで、ユーラシア大陸に広く分布しているし、さらに、北アフリカ、北アメリカにまで分布を広げている。この繁栄ぶりは、いったい、どう考えたらよいのだろうか。この蝶は年になん回も発生してくる。スギタニルリシジミとルリシジミのちがいは、いったい、どこにあるのだろうか。

昨年（平成十七年）の春は、天気がよければ、捕虫網をかついで、七

図35　ルリシジミの餌植物の一部

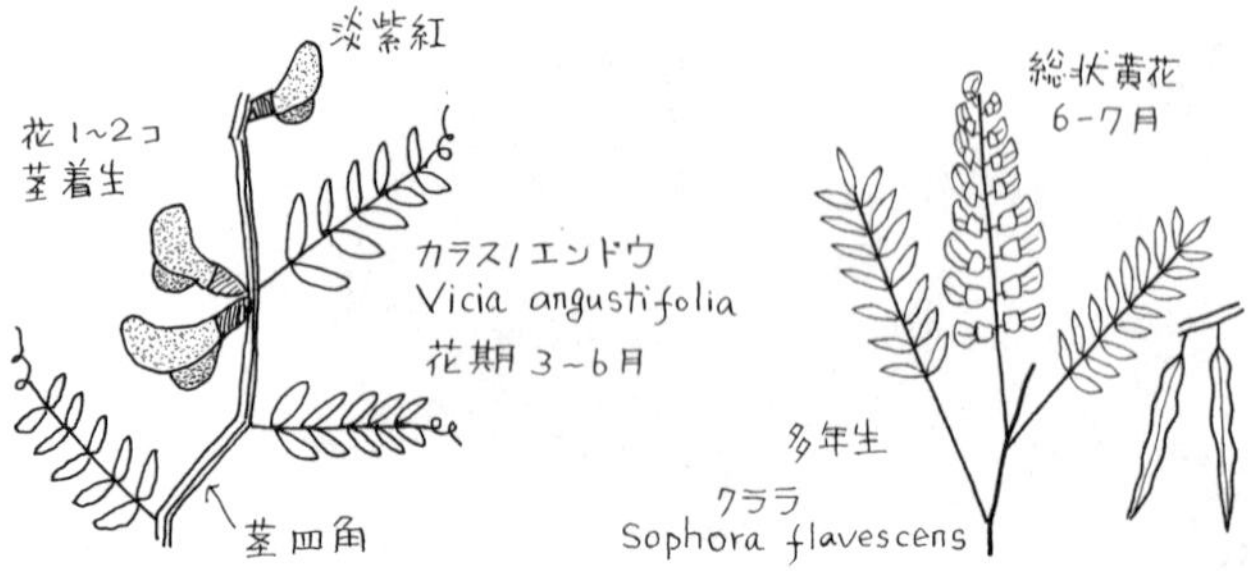

ヶ浜の田園地帯や里山を歩きまわった。四月上旬、公民館から国際村にかけての丘の道を歩く。笹藪ではウグイスが鳴いている。上空をハイタカがゆく。あたりは、のどかな春の陽気に満ちていた。

道端のオオイヌノフグリの青い花で、青い羽のシジミチョウが蜜を吸っていた。捕まえてみると、ルリシジミだった。実際、青いシジミチョウをたくさん見たが、すべてルリシジミだった。ルリシジミも、春一番に出てくる蝶のひとつであることを知った。しかしこの時期、ルリシジミの産卵対象になる樹花は、なにひとつ、みあたらない。とうぶんは、野草の花（オオイヌノフグリ、ハコベ、タンポポ、ヒメオドリコソウなど）と遊んで暮すのだろうか。

保育社『原色日本蝶類生態図鑑（Ⅲ）』によると、ルリシジミの幼虫は、春はフジ、夏はクララ、秋はクズやヤマハギなど、マメ科植物の花やつぼみを主食にしている。そのほか、ミズキ、リンゴ、キハダ、タラノキなど、いろいろな樹木の花を食べることが知られている。その食性をみると、草本より木本を好む傾向がみえる。草原の蝶ではなく、林縁の蝶といえる。

ルリシジミは、いちじるしく多様な食性をもち、季節によって食べる花の種類を換えていく。だから、一年になん回も発生をくり返すことができる。また、場所によっても、食べる花の種類を換えていく。だから、どこでにも棲める。樹の花は、春でも夏でも柔らかくて、いつでも食べられる。この点が樹葉と異なる。ルリシジミが、夏場でも繁殖をくり返すことができるのは、まさに、花を食餌にしたルリシジミの作戦勝ち、といえる。その作戦勝ちの裏には、どんな樹の花でもいただき、好き嫌いはしない、という食餌にたいする柔軟性が隠されている。バイタリティーのゆたかな花泥棒である。

しかし、ふしぎなことに、ルリシジミは、アメリカでは Spring Azure（春の青）と呼ばれている。アメリカでは、春一回の発生なのだろうか。自然観察ガイド・ブック『北アメリカでよくみられる蝶』によると、餌植物は、ミズキ *Cornus*、ブルーベリー *Vaccinium* など、とある。これらは晩春から初夏にかけて咲く花である。北アメリカには、夏から秋に花を咲かせて、ルリシジミの食餌になるような樹木は存在しないのだろうか。ちょっと、気になる。

日本の場合、初秋になると、クズやヤマハギ、あるいはヌルデ、タラノキなどの花木が、いたるところで花を咲かせる。だから、ルリシジミにとっては、夏から秋にかけても、安心して繁殖することができる。考えてみれば、日本という国は、ルリシジミにとっては、世界中でもっとも棲みやすいところ、ルリシジミ天国なのかもしれない。私は、ルリシジミは国際派の蝶、と思っていたのだが、日本が一番好きよ、という蝶の声が聞こえてくる。

ヨーロッパでの餌植物 —ヒイラギとフユヅタ—

カーター『イギリスとヨーロッパの蝶と蛾』によると、ルリシジミは、ヨーロッパでは、Holly Blue（ヒイラギの青）と呼ばれている。さまざまな植物の芽、花、実、若葉を餌にしているが、とくに春はholly（ヒイラギ *Ilex* 属）、秋はivy（フユヅタ *Hedera* 属）の花を好んで食べる、とある。そして、春と夏の二回、成虫（蝶）は出現する。

ルリシジミは、日本ではマメ科の灌木の花を主食にしているが、欧米では、マメ科植物は主食になっていない。マメ科の灌木が少ないのだろうか。マメ科がなければ、ほかの植物でもいい。これが、ルリシジミの食餌哲学である。その結果、ヨーロッパではヒイラギ（holly）やフユヅタ（ivy）となったのだろう。この、食餌にたいする融通性が、ルリシジミの分布拡大の原動力になっている。環境の変化によく順応できる、進化の進んだ蝶である。

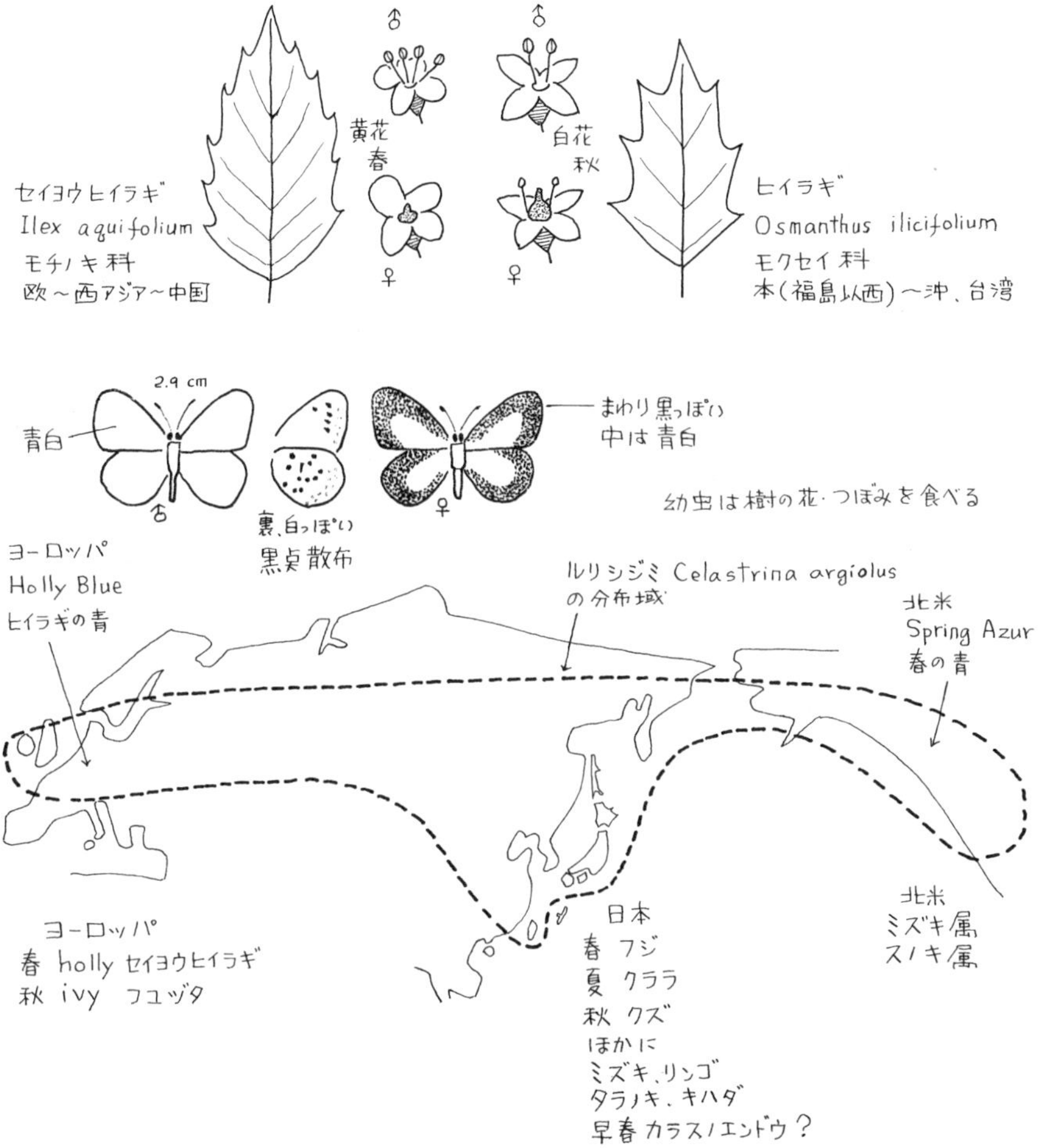

図36　ルリシジミの分布と餌植物

ヨーロッパでは、ヒイラギがルリシジミの食餌になっている。ヨーロッパの蝶蛾図鑑で、こんな記述を読んだとき、なにか違和感をおぼえた。ヒイラギ（holly）って、なにもの？ そこで、北隆館『原色樹木大図鑑』でヒイラギをしらべてみると、学名は *Osmanthus ilicifolium* で、モクセイ科にぞくし、花期は十月とある。

うそ！ ヨーロッパのルリシジミは、春、ヒイラギの花を食べる、とあるではないか。そこでもう一度、図鑑をよくしらべなおしてみると、holly は、モクセイ科ではなくモチノキ科で、学名は *Ilex aquifolium* といい、和名はセイヨウヒイラギで、花期は五〜六月とあった。また、ヨーロッパでは、クリスマスの日に、赤い実をつけた holly の枝を飾る風習があるという。赤実をつける常緑の *Ilex* といえば、日本では、モチノキ、クロガネモチ、ソヨゴなどをイメージする。ヒイラギとセイヨウヒイラギは、植物学的には、まったく別の植物であった。(注)

ルリシジミの餌植物をしらべていて、日本のヒイラギと欧米のヒイラギの異なることを知った。ルリシジミが、私の蒙を啓いてくれた。ルリシジミさん、ありがとう。それにしても、あなたのバイタリティーはすごいね。スギタニルリシジミも、すこしは見習う必要がありますね。

（注）研究社『リーダーズ英和辞典』をみると、「holly〔ハリー〕モチノキ属の木、とくにセイヨウヒイラギ」とある。アメリカ西部の都市ハリウッドは、かつては、Holly-wood、つまり、アメリカヒイラギ *Ilex opaca* の森であった、と思われる。では、日本のヒイラギは英語でなんというのだろうか。研究社『新ポケット和英辞典』、旺文社『和英中辞典』をみると、「ヒイラギ a holly」とある。これは正解ではない。考えてみれば、モクセイ科のヒイラギは、日本と台湾にのみ分布する、いわば日本列島準特産の樹で、欧米には自生しないから、正式の英名はないのだ。しいて英訳すればHiiragi-Japanese Osmanthus ということになる。Osmanthus とはキンモクセイの仲間で、本場は中国にある。

5章　蛾から蝶へ

―ベニモンマダラからセセリチョウへ―

イチモンジセセリ　―東北の寒さに未適応―

近くの農道を散歩していても、ハイキングで山道を歩いているときも、道端の草むらで、もっともよく目にする蝶といえば、セセリチョウの仲間である。セセリチョウは、英名をスキッパー（Skipper）という。花から花へと、せわしなく移動していく様子が、子供のスキップ（ぴょんぴょん跳び）をイメージさせるからであろう。森林教室のみなさんが撮った写真をしらべてみると、やはりセセリチョウが多い。そのなかでも圧倒的に多いのが、イチモンジセセリ *Parnaro guttata* である。

ちなみに、私の標本箱のなかから、鳴子（宮城県北西部の町）で採集したセセリチョウをしらべてみた。キマダラセセリ、ヒメキマダラセセリ、コキマダラセセリ、コチャバネセセリ、オオチャバネセセリ、イチ

図37　イチモンジセセリ（山形蔵王、S. Ito 撮影）
カラー口絵 ⑬ 参照

図38　キマダラセセリ（仙台、S. Ito 撮影）
カラー口絵 ⑭ 参照

図39　オオチャバネセセリ（仙台、S. Ito 撮影）
カラー口絵 ⑮ 参照

図40　ダイミョウセセリ（仙台、S. Ito 撮影）
カラー口絵 ⑯ 参照

モンジセセリ、ダイミョウセセリ、キバネセセリの八種が確認できた。

これらの標本は、ほかのいろいろな虫たちとおなじように、大学農場時代、暇ひまに採集し、標本に作製しておいたものだ。いずれも、どこにでもいる、ありふれた種類だから、時間をかけて標本を作製しても、それほど意味がないのではないか。当時は、そんな気持ちもあったのだが、いまになって、ふつう種といえども、それなりに、その地域の情報を提供してくれることがわかって、標本作りも無駄ではなかった、と思うようになった。だから、いま住んでいる七ヶ浜の蝶や蛾も、できるだけ標本にしておこう、と心がけている。

われわれの身近にいるセセリチョウは、羽の表側は黒褐色、裏側は黄褐色で、こまかい白紋を散布する、というスタイルのものが多い。そのなかで、イチモンジセセリの特徴は、後羽の白紋列が四個、一列に並んでいること、その白紋は、下のものがもっとも大きく、上にむかってだんだん小さくなること、である。そこをみれば、すぐわかる。

私は、前章で、「春の妖精」の条件を考えていて、蝶はみんな、一年になん回でも発生したがっている、つまり、「春の妖精」なんて、なりたくない、と思っていることに気づいた。ただ、虫の成長は温度に影響されるから、日本でも、東北や北海道では、冬がくると、虫は成長を停止して、寒さ対策をしなければならない。だから、一年になん回も発生することができなくなるのである。

ところが、イチモンジセセリだけは、なん回も発生しようとする。冬がきても、防寒・冬越し対策をとらないのである。だから、仙台あたりでは、みんな凍死してしまう。イチモンジセセリが冬越しできるのは、福島県の南部あたりまでらしい。

イチモンジセセリは、なぜ、こんな無謀な行動をするのだろうか。じつは、イチモンジセセリは、もともと熱帯の水稲昆虫で、イネが、人間によって品種改良され、耐寒性を身につけて、どんどん北方へ運ばれていくのにあわせて、イチモンジセセリも、ついてきたのである。しかし、イネの防寒対策は人間がやってくれる（耐寒性品種）が、イチモンジセセリには、まだ、寒さ対策ができていない。むかしから北国に棲んでいる虫たちはみんな、冬がくると、体を耐寒構造にして休眠するのだが、イチモンジセセリは休眠の仕方を知らないのである。

それでも、イチモンジセセリは、屈することなく、夏になれば、また仙台にやってくる。そして、蝶好きの目を楽しませてくれる。われわれも、かれの開拓魂はほめてあげたいが、その一方で、寒さ対策も考えなさい、と忠告したい。

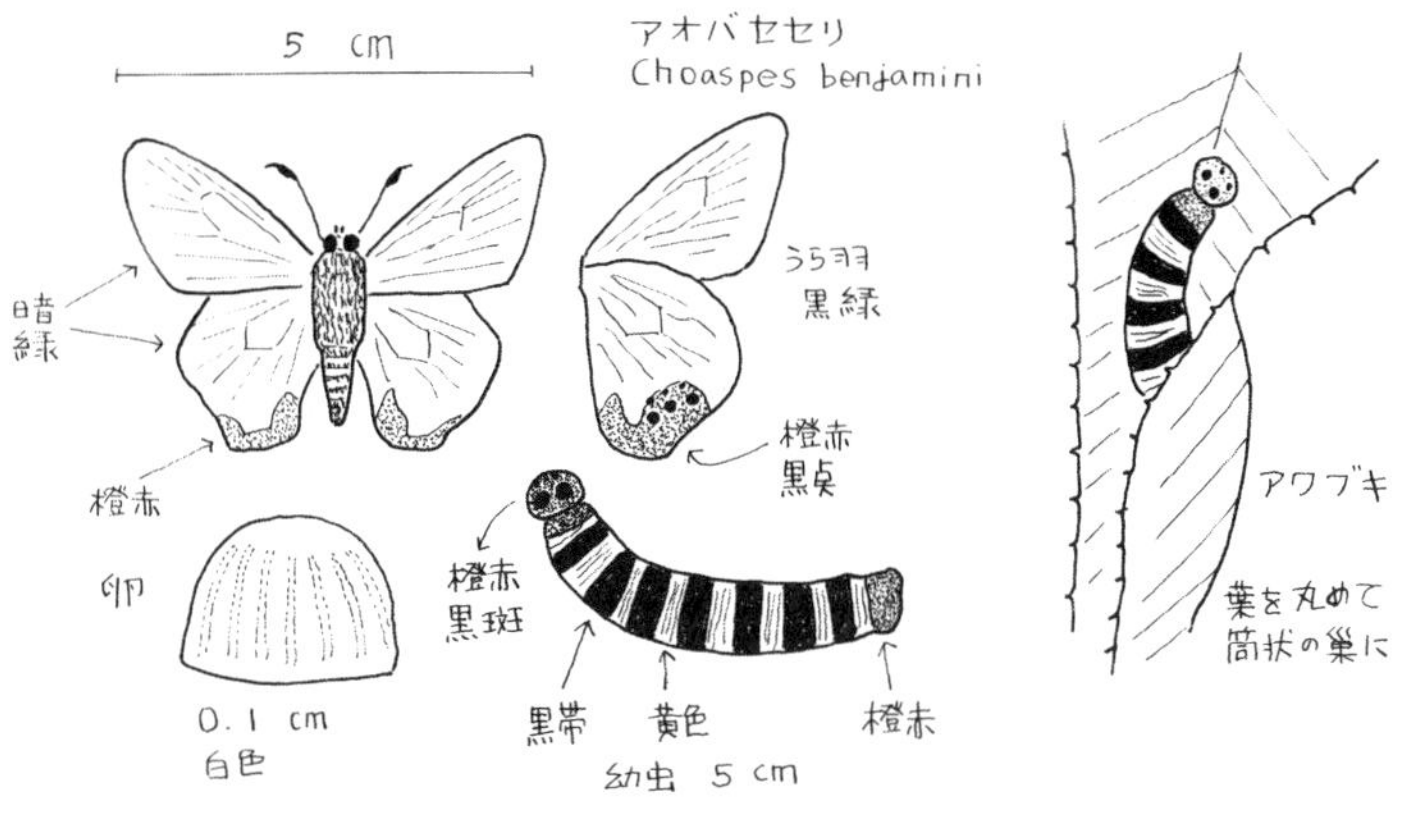

図41　アオバセセリの成虫と幼虫

アオバセセリの警戒色

森林教室で、身近にいるセセリチョウについて話をしてきた。受講者のひとりから、アオバセセリについても話をききたい、という要望があった。その人が住んでいる八木山（青葉山の一部）でも、よくみかけるという。私自身、アオバセセリのことは、まえから気になっていた。セセリチョウの仲間はみんな、地味な姿をしているのに、この蝶だけは派手な姿をしているからである。

アオバセセリは、羽の表側が全面的に緑色で、後羽の下端部のみ橙赤色となる。それが、けっこう華やかなのである。羽の裏側も緑色だが、表側より暗い。しかし、後羽下端部の橙赤部は、より顕著で、それに数個の黒点がついていて、いっそう華やかにみえる。

華やかなのは、成虫だけではない。幼虫（老熟すると五センチにもなる）も、そうである。黄色地に黒の横縞模様があり、そのうえ、頭と尾端は赤っぽいレンガ色で、これもまた、よく目立つ。派手というより毒どくしい。いつだったか、鳴子の森で、林道を歩くアオバセセリの幼虫をみて、ギョッとしたことを覚えている。

アオバセセリ *Choaspes benjamini* の分布範囲は、インド、インドシナ半島、マレー半島、スマトラから、中国南部、台湾、朝鮮半島をとおって日本まで伸びている。アオバセセリのふるさとは、熱帯アジアにある。日本にすむセセリチョウ類のほとんどは、イネ草かスゲ草を食餌にしている。つまり、草原の蝶である。ところが、アオバセセリは、樹木（本州ではアワブキ、沖縄ではヤマビワ）の葉を食餌にしている。つまり、森の蝶である。アオバセセリは、もともと、熱帯の森の蝶なのである。

アオバセセリは、成虫も幼虫も、どうして、こんなに派手な姿をしているのだろうか。私は、毒蝶にちがいない、と疑っているのだが、アオバセセリは毒蝶、と書いた本はみあたらない。毒蝶でないとすれば、ほかの毒蝶か毒蛾に擬態しているのかもしれない。では、擬態されている側は、どんな蝶（あるいは蛾）なのだろうか。いまのところ、その正体は、私にはわからない。いずれにしても、アオバセセリは、もともと熱帯の蝶だから、この擬態術も熱帯で獲得したものではないか、と思う。それを、温帯の日本に来ても、まだ捨てきれないでいるのだろう。

日本に生息するセセリチョウの幼虫は、みんな、餌植物の葉を巻いて、そのなかに隠れて餌を食べている。だから、幼虫は、葉の色に似た、淡い緑色の、地味な姿をしている。アオバセセリも、アワブキの葉を巻いて、そのなかに隠れている。だから、派手な姿をする必要はない。

しかしこれは、穏やかな日本での話であって、熱帯の森では事情がちがう。私は、いろいろな場面を想像しながら、アオバセセリの幼虫の作戦意図を考えてみた。アオバセセリの幼虫の毒どくしい色は、天敵にたいする「脅かしの色」ではないか。その天敵が、アオバセセリの幼虫を食べようと巻き葉を開いたとき、派手な顔を出して相手をおどろかせる。これが、アオバセセリの幼虫の作戦ではないか。では、熱帯の森に棲んでいて、アオバセセリが恐れている天敵とは、なにものだろうか。それは、ヒトに近い動物、つまり、サルではないのか。鳴子の森での経験から、そんな結論が出てきた。

ベニモンマダラ ―昼飛性の美しい小蛾―

ところで、セセリチョウの仲間は、ちょっと変わった触角をもっている。ふつうの蝶は、触角の先端が丸く膨らんでいる（クラブ状）のだが、セセリチョウの場合、膨らんだ先がさらに細く伸びているのである。そのことから、セセリチョウ類は、系統的には、一般の蝶群とは区別され、蛾類に近い位置に置かれている。つまり、蝶と蛾の中間的な存在、と考えられている。

ここまで書いてきて、思い出した。Ｉさんが、スイス・アルプスの高

図42　アルプスベニモンマダラ
（スイス、S. Ito 撮影）
カラー口絵 ⑰ 参照

原で写真に撮ったベニモンマダラのことを。ベニモンマダラは、羽が上下とも紅色の、美しい、小さな蛾である。最初、その写真をみたとき、おどろいた。蛾のくせに、触覚の先端が膨らんでいたからである。蛾類図鑑をしらべてみると、蛾の仲間で、触角の先端が膨らんでいるのは、ベニモンマダラ属（マダラガ科 *Zygaena* 属）の仲間だけであった。

では、ベニモンマダラとは、どんな蛾なのだろうか。学研『オルビス学習科学図鑑・昆虫1』によると、ベニモンマダラの仲間は、地中海沿岸を中心に、ヨーロッパ、北アフリカ、アジア西部に多くの種（数十種？）が存在するという。しかし日本には、わずか一種しかみられない。ベニモンマダラは、ヨーロッパ南部で発展した蛾のグループらしい。両羽の開張は三～四センチ、後羽は全面紅色、前羽は赤地に黒の縁どりがあり、黒紋を数個つけているものが多い。

Iさんが撮ったベニモンマダラは、前羽には黒の縁どりはあるが、黒紋がなく、全面的に赤くみえる。手元にあるヨーロッパの蝶蛾図鑑をしらべてみたが、該当する種は載っていなかった。種の特定ができず、すっきりしない気分がつづいていたが、あるとき、本棚の隅に放置してあった小さな小さな図鑑、コリンズの豆図鑑『蝶と蛾』のページをめくっていたら、前羽も後羽も赤一色のベニモンマダラの絵が載っていた。

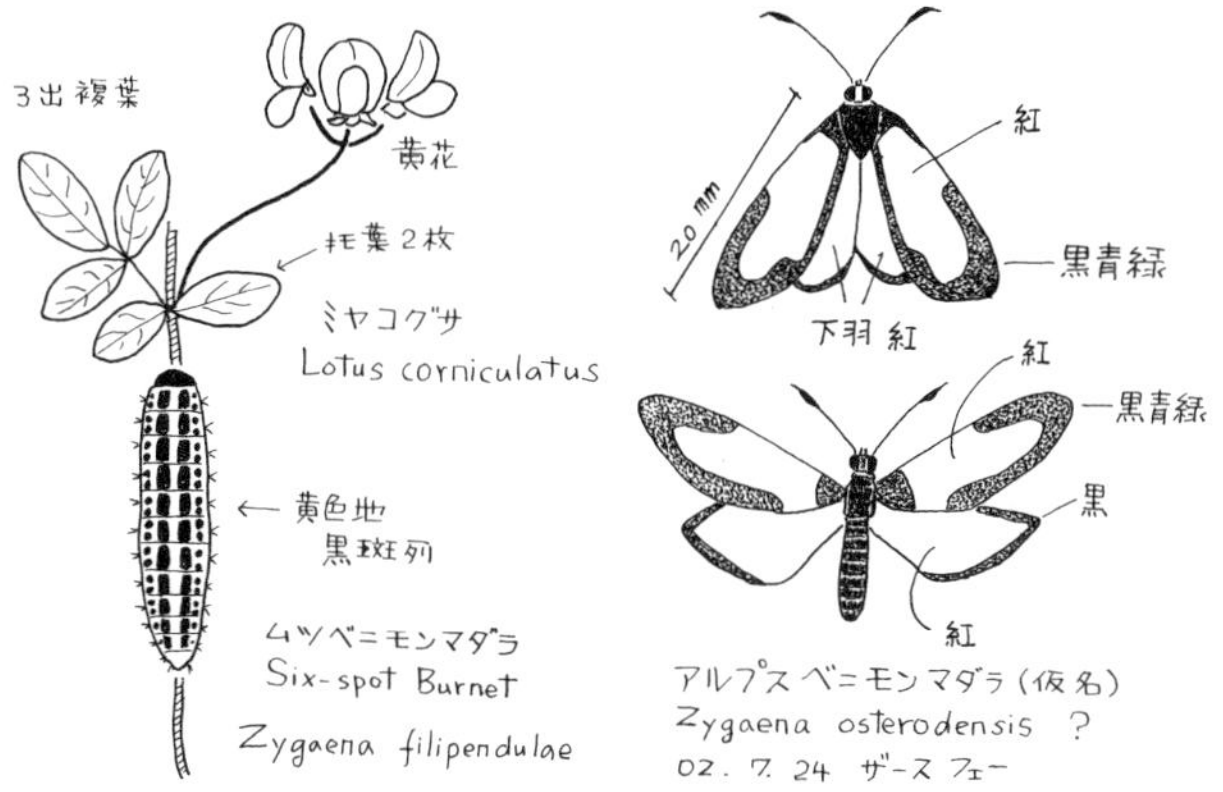

図43 ベニモンマダラの成虫と幼虫（ヨーロッパ産）

Zygaena osterodensis という学名がついていた。

解説を読んでみると、ベニモンマダラは、成虫・幼虫とも、シアン化合物をもち有毒、とある。そして、触角はクラブ状で、蝶の仲間と混同されることもあるが、羽は、前羽と後羽が連結器でつながっており、蛾の仲間であることは明白、とも書いてあった。

私ははじめて、蝶と蛾の、正しい区別の仕方を知った。そして、どうやら、ベニモンマダラとセセリチョウは、ともに、蛾と蝶をつなぐ中間に位置することに気づいた。コリンズの豆図鑑など無視していたのだが、どんな本でも、その本にしかない、価値ある記述があるものだ。小さい本だから、内容も小さい、とは限らないのである。豆図鑑のおかげで、私の、蛾にたいする認識が、一歩前進した。

別の、ヨーロッパの蝶蛾図鑑によると、ベニモンマダラのうち、もっともポピュラーな種は、英名をSix-spot Burnet（ムツベニモンマダラ *Zygaena filipendulae*）と呼ばれているものである。この蛾は、ヨーロッパから中央アジアに産し、平地から山地帯（標高二〇〇〇メートル）に分布し、草原や林縁に生息し、好んでアザミやマツムシソウの花に集まり、よくミツバチやマルハナバチとともに吸蜜している、とある。成虫は、花を求めて、かなり活発に飛ぶらしい。幼虫はミヤコグサの仲間

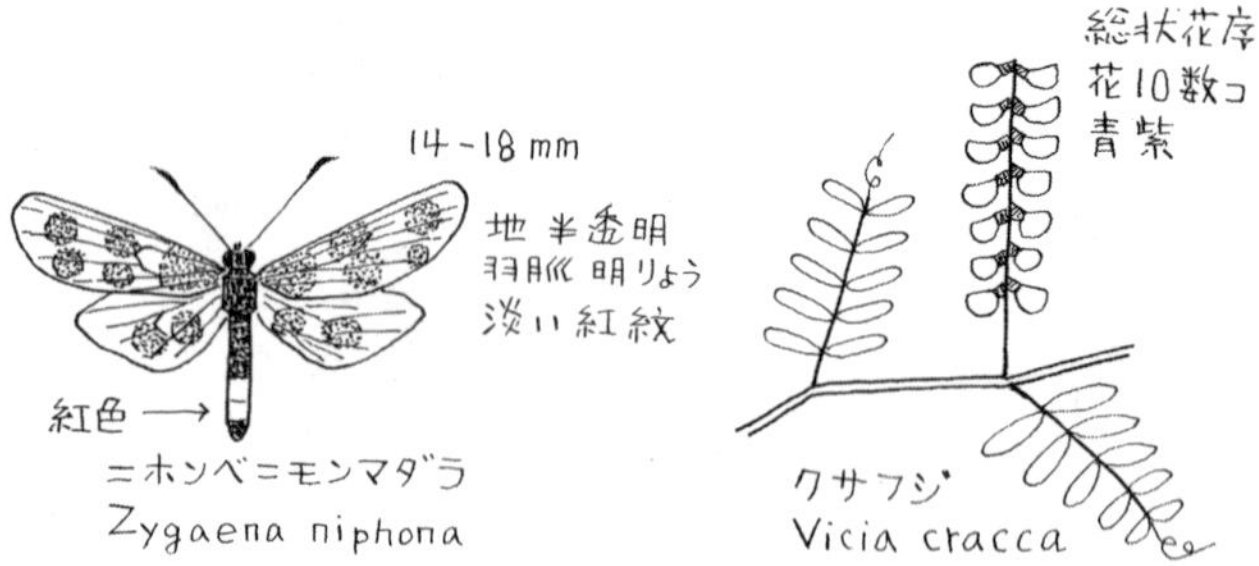

図44 ニホンベニモンマダラとその餌植物

(*Lotus* 属、マメ科) を食べる。幼虫には黄色地に黒の縦帯模様があり、よく目立つ。毒性を誇示しているのであろう (図43)。

ヨーロッパには、そのほかに、いろいろな種類のベニモンマダラが生息している。いずれも、赤色の、派手な羽をもっていて、美しい。しかし、みんなよく似ており、われわれアマチュアは無理に区別することもないだろう。もし、スイスの高原で見たら「スイスベニモンマダラ」、地中海の海岸で見たら「チチュウカイベニモンマダラ」、ドイツの牧場でみたら、「ドイツベニモンマダラ」という名で呼べばよいだろう。写真を撮るときは、触角に注意すること。先端がセセリチョウのように膨らんでいる点を確認する。南ヨーロッパの自然探訪の旅をするときは、ぜひ、写真に撮っておきたい蛾である。

日本には、ベニモンマダラの仲間はただ一種、*Z. niphona* が生息する。学名どおり呼べば、ニホンベニモンマダラということになる。羽は半透明で、淡い紅紋がある。ヨーロッパ種ほど派手ではない。両羽の開張は三センチあまりで、やや小型である。北海道・本州に分布し、成虫は夏に出現する。たとえば、浅間高原などでみられるらしい。幼虫はクサフジを食べるという。夏、高原を歩くときは、クサフジとベニモンマダラの成虫・幼虫に注意してみるのも、おもしろい。幼虫はおそらく、黄色地に黒の斑紋列が縦にならんでいるだろうから、よく目立つはずである。

遠い外国の話ではあるが、ヨーロッパ南部（地中海周辺）で、どうしてベニモンマダラ天国が形成されたのか、それがミヤコグサとどういう関係があるのか。私の頭の片隅には、いま、こんな疑問がくすぶりはじめている。いつの日か、イタリアを訪問して、そのなぞ解きに挑戦してみたい。私は、そんな希望をもっている。それほど、この小さな蛾は魅力的な姿をしている。

蛾から蝶へ

ベニモンマダラは、蛾群と蝶群のあいだに位置する。触角はセセリチョウ的であるが、前羽と後羽との間には連結器がある。だから、蛾なのである。

では、どうして蛾は、前羽と後羽を連結器でつないでいるのだろうか。こんなことは、いままで考えたこともなかったのだが、いま、はじめて気がついた。それは、前羽と後羽を連結することによって、羽は、一枚の広い紙となり、浮力がついて、微風でもふわふわ飛ぶことができるからだ、と。蛾はまだ、飛び方がへたなのである。しかし、ふわふわ飛んで

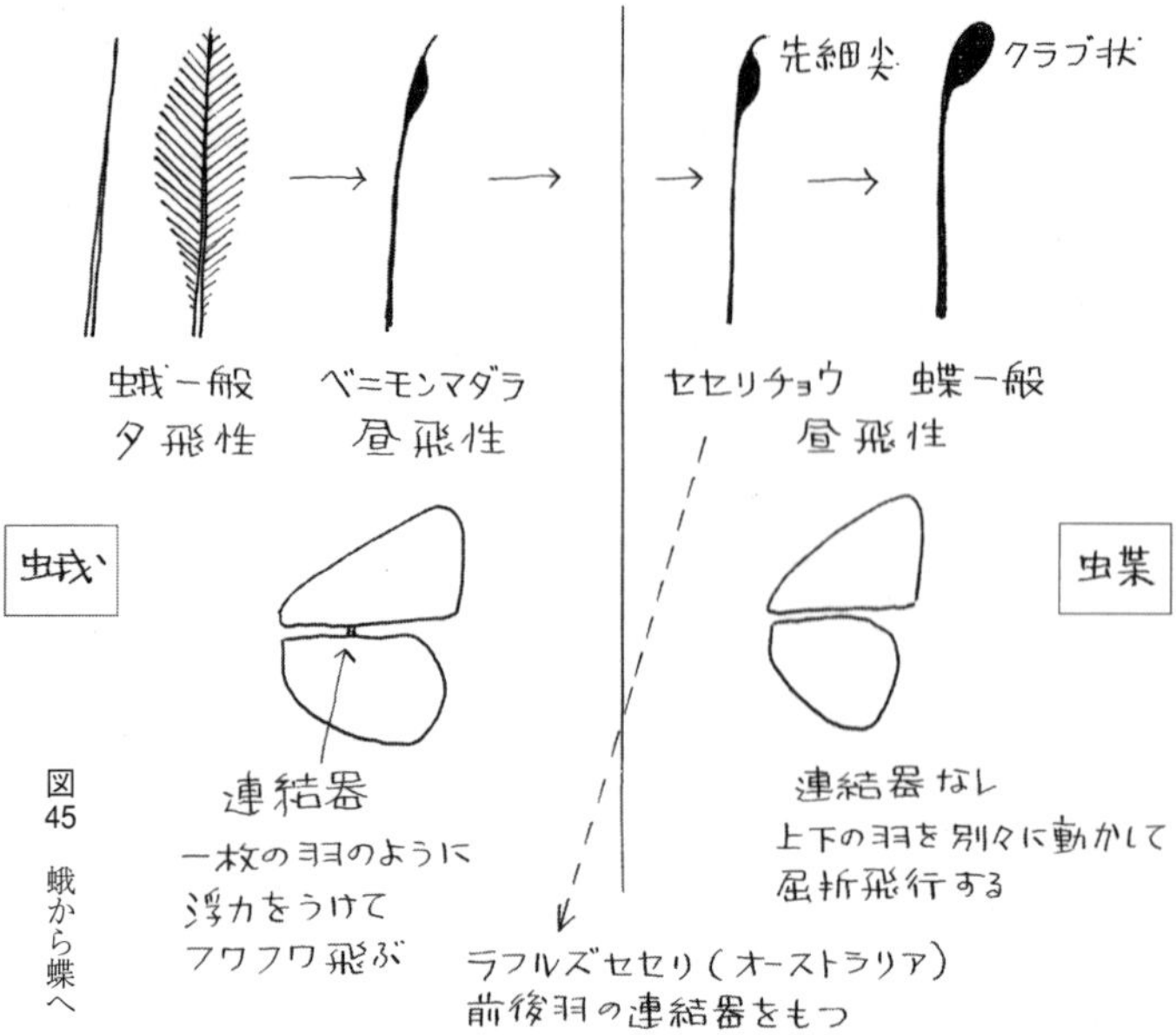

図45　蛾から蝶へ

いるようでは、野鳥にやられてしまう。それで、蛾は、野鳥に気づかれないように、羽の色を地味にし、夕暮れに飛ぶようにしているのである。

蛾はもともと、森のなかで生活していた生きものである。成虫は、森のなかに隠れていて、日中に飛ぶことはない。そんな状況のなかで、日中に、森のなかを飛びまわる蛾が現われた。シロヒトリやキアシドクガなどが、その例といえる。さらに一部の蛾は、森から出て、昼の草原を飛びまわるようになった。それが、ベニモンマダラの仲間たちである。日中に飛行する蛾は「昼飛性の蛾」と呼ばれている。

林冠や草原を日中に飛ぶためには、野鳥の攻撃を回避する技術が必要となる。シロヒトリやキアシドクガは体に毒をもたせた。その合図は羽の白色である。しかし、白色ではちょっと迫力に欠ける。そこで、キアシドクガは足を赤く染めた。シロヒトリは、白い胴体に赤い点列を配置した。鳥は、羽を開いて飛ぶとき、その赤点がちらちらみえる。鳥は、赤色をみると、警戒する

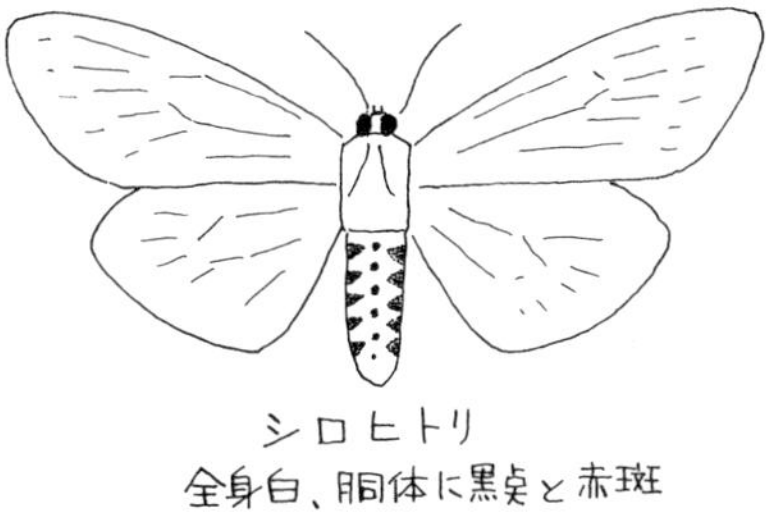

図46　シロヒトリ

らしい。ベニモンマダラ類は、その作戦を徹底させた。羽も、胴体も、全部、まっ赤に染めたのである。鳥は、ベニモンマダラに近づかなくなった。

ベニモンマダラは、毒をもつことのほかに、もうひとつ、ほかの蛾たちがやらなかった、変わった防衛法を考えた。触角の先端を、眼球のように膨らませたのである。万一、鳥が攻撃してきた場合、触角の先端を攻撃するよう仕むけたのである。鳥は、相手を攻撃する場合、まず眼球を攻撃してくるからである。触角なら、傷ついても致命傷にはならない。

このようにして、ベニモンマダラは、鳥がうろうろしている日中でも飛翔できるようになった。しかしまだ、前羽と後羽は連結していて、敏捷《びんしょう》には飛べない。ところが、そんな不利な条件を克服するものが現われた。セセリチョウである。前羽と後羽を切り離し、四枚の羽を、それぞれ独自に動かすことによって、ふわふわ飛行から、敏捷な屈折飛行を可能にしたのである。セセリチョウは、蛾から蝶に変身した最初の、偉大な生きもの、だった。

セセリチョウはさらに進化する。そして、本格的な蝶群が出現してくる。蝶たちは、華やかに着飾って、野鳥がうろうろしている林縁のまわりでも、日中の草原でも、大胆に飛びまわるようになった。空飛ぶ生き

ものなかで、蝶のように、巧みに屈折飛行ができる生きものは、ほかにいない。私は、蝶のすごさに、はじめて気がついた。(注)

(注) セセリチョウのなかには、前羽と後羽を連結しているものがいる。オーストラリアに生息するラフルズセセリである。これは、蛾から進化したばかりの、蝶の姿をとどめている。北の大陸から、南のゴンドワナ大陸に入って、進化を止めてしまった原始的なセセリチョウである。

図47 昼飛性の蛾、ウメエダシャク(仙台、S. Ito 撮影)

6章　北アメリカから来た妖精
―コツバメの世界遍歴―

雑木林のなかのミニゴルフ場

松島町（宮城県）の丘陵地帯に、雑木林を切り開いて造ったショート・コースのゴルフ場がある。コースのまわりは落葉広葉樹林で囲まれ、アカマツやモミの高木も散在している。コースは、多少上り下りがあり、クラブを振りながら歩いていると、けっこう、よい運動になる。わが家から車で三〇分くらいの距離にあり、天気のよい日に、女房をつれて、ぶらりと出かける。予約の必要のないのがよい。

ここは、自然いっぱいのゴルフ場である。ここを歩く楽しみは、季節季節で草木たちの異なった顔がみられることである。それに、野鳥や昆虫も多い。四月上旬は、このあたりまだ早春なのだが、エナガはもう営巣活動に夢中である。注意してみると、チャボヒバの生垣のなかに巣があった。シジュウカラの育雛《いくすう》はもうすこし遅い。ときどきアカゲラの姿をみる。枯れたアカマツの幹からカミキリの幼虫を採っているようだ。

枯れたアカマツの幹には、クリの実をすこし大きくしたような、茶色の丸いきのこが一面についていた。ヒトクチタケである。サルノコシカケの仲間で、枯れた松の分解を担当している。このきのこは、松のテルペン臭を出して虫を呼ぶ。虫は、きのこのなかで成長し、成虫になると、きのこの胞子を体につけて脱出する。虫は、きのこから食べ物をいただき、そのお礼に、胞子の運搬をしているのだ。ではそれは、どんな虫なのか。しらべてみたら、カメムシの一種と甲虫のケシキスイの一種がみつかった。

キノコの仲間は、一般に、胞子を風でばらまくが、ヒトクチタケは胞子の分散を虫に委託している。つまり、風媒花から虫媒花に進化したきのこといえる。ヒトクチタケは、なぜ、胞子の分散を虫に委託するようになったのだろうか。今回の仕事（本づくり）が終わったら、ヒトクチタケの生態を、もうすこし詳しくしらべてみよう。そして、胞子の分散を虫に委託した意図を、キノコ自身に訊いてみたい、と考えている。

このゴルフ場では、地上を歩く肉食性の甲虫・マイマイカブリやアオオサムシ（ミミズやカタツムリなどを食べる）をよくみかける。これらの甲虫は、金属光沢の鞘羽《さやばね》をもち、なかなか美しい。だから、オサムシ類だけを集める昆虫マニアも少なくない。漫画家の手塚治虫さんも、オサムシのファンだったという。

子供むけの学研の図鑑に『世界の甲虫』という本がある。世界の甲虫が、写真ではなく原色画で、金属光沢から鞘羽の微細な凹凸まで、精密に、美しく、描かれている。みているだけで、ドキドキして、楽しくなってくる。こんな喜びを与えてくれた画家のかたがたに敬意を表したい。なかでも、コガネオサムシ、クビナガオサムシ、カブリモドキのページには、魅力的な虫がならんでいて、昆虫老年の夢を刺激する。本には、つぎのような解説があった。

「クビナガオサムシ類は、日本をふくむ極東アジアにのみ分布している。日本特産のマイマイカブリはその代表として、世界的に著名である。カブリモドキ類は、中国本土に種類が集中していて、色彩・彫刻の変化の多様さは、目を見はらせるものがある。」

今度中国に行くときは、カブリモドキに注意してみよう。ところで、オサムシ類は、どうして、体を金属光沢に彩っているのだろうか。その意図が私には理解できない。

図48　コッバメ（仙台、S. Ito 撮影）
カラー口絵⑱参照

コツバメ　―お茶目な春の妖精―

平成十六年、このミニゴルフ場で、春早く、活発に飛ぶ、表羽がるり色の、小さい蝶をみた。羽をたたむと、裏側は褐色の雲形模様がデザインされていた。コツバメという種類だった。青山潤三のガイドブック『日本の蝶』（北隆館）には、日本の蝶全種の、みごとな生態写真が載っており、種の特徴をよくつかんだ、簡単な解説がつけてある。コツバメについては、「春だけに出現するスプリング・エフェメラルの蝶」とある。

コツバメも、「春の妖精」だった。小さいが、よくみると、なかなかの美少女である。それに、飛び方が活発で、「お茶目な妖精」という印象をうけた。そして私は、なぜか、この蝶に、おもしろそうな物語性のあることを予感した。私は、コツバメの素性に迫ってみたくなった。しかし、コツバメに、どんな経歴があって、どんな物語が展開されていくのか、現時点では、私には、なにもみえていない。行き先のわからない、風まかせの帆船に乗ったような気分である。

学研『オルビス学習科学図鑑・昆虫1』を開いてみると、コツバメは、シジミチョウ科のミドリシジミ群に置かれていた。ミドリシジミ群は、蝶屋さんには「ゼフィルス」と呼ばれ、緑色の金属光沢のある羽（後羽には尾状突起がある）をもつものが多い。成虫は夏、六月下旬から七月に出現し、きらきら輝きながら、林冠を飛翔する。まさに、「夏の舞姫」である。

しかし、コツバメは、春早く出現する「春の妖精」だし、羽の形態や色彩もちがうから、私は最初、ミドリシジミの仲間とは思ってもいなかった。またいま、コツバメがミドリシジミの仲間だ、といわれても、とても信じがたい気持ちである。

ミドリシジミ群は、東アジアの照葉樹林で誕生・発展してきた蝶群で、幼虫は木の葉食いである。餌植物は、カシ・ナラ類（*Quercus*）を主流とするが、その進化の過程で、食餌を、ナラ・カシ以外の樹種にとり替えるものが現われ（たとえば、ウラキンシジミ—コバノトネリコ、メスアカミドリシジミ—サクラ、フジミドリシジミ—ブナ）、ゼフィルスはいま、多彩な種群に発展・分化している（西口『アマチュア森林学のすすめ』）。しかし、コツバメは、とても、この流れのなかにあるとは思えない。では、コツバメって、なにものなのか。

コツバメは学名を *Callophrys ferrea* という。前出の蝶類図鑑によると、餌植物は、ツツジ類を主に、スイカズラ、リンゴなど、各科にわたる植物の花・つぼみ・実を食べる、とある。コツバメは花泥棒であった。また、別の図鑑によると、バラ科のウワミズザクラ、エゾノウワミズザクラも餌植物になっている。ツツジ科のなかでは、とくにアセビを好む、という。

欧米のコツバメ

ミドリシジミ群は東アジアをふるさとにする蝶群である。ヨーロッパや北アメリカにも、ミドリシジミの仲間は生息するが、種数はごく少ない。では、コツバメ属は、ヨーロッパや北アメリカにも生息するのだろうか。ふるさとは、どこなのだろうか。

『原色日本蝶類生態図鑑(Ⅲ)』をしらべてみると、コツバメ属は、ヨーロッパに一種、日本に一種、中国に二～三種なのに、北アメリカには、なんと、一三種も存在していた。コツバメ属は、北アメリカで大発展している蝶群らしい。やっぱり、ミドリシジミ群とはちがっていた。コツバメの原点は北アメリカにあった。がぜん、私の興味は北アメリカにむいた。

北アメリカには、コツバメの仲間が一三種もいる。そのうち、もっともポピュラーなのは、「茶色の妖精」(Brown Elfin) と呼ばれている種である。学名を *Incisalia augustinus* という。自然観察ガイド・ブック

『北アメリカでよくみられる蝶』の写真をみるかぎり、日本のコツバメとよく似ている（ここではアメリカチャコツバメと名づけたい）。アメリカでも春にのみ出現する。主たる餌植物は、ツツジ科のブルーベリー *Vaccinium*（スノキ属）と、クロウメモドキ科のワイルド・ライラック（*Ceanothus* 属）とある。(注)

アメリカチャコツバメと日本のコツバメは、形態（羽は茶色）も食性も、互いに似ており、両者は近い親戚関係にあることが推測できる。しかも、両者はともに、年一回発生の「春の妖精」である。ところが、ヨーロッパのミドリコツバメ *Callophrys rubi* は、羽の色が緑色で、年二回発生することもある。アメリカチャコツバメや日本のコツバメとは、やや系統を異にしているのではないかと思う。この原稿を書きながら気づいたことだが、羽の緑色は、この蝶が南方系であることの証しではないか。

蝶の来歴学 ―ルーツ追跡のおもしろさ―

最初は漠然と、コツバメのことをしらべていたが、ここにきて、日本のコツバメとアメリカチャコツバメの類似性が気になってきた。そして

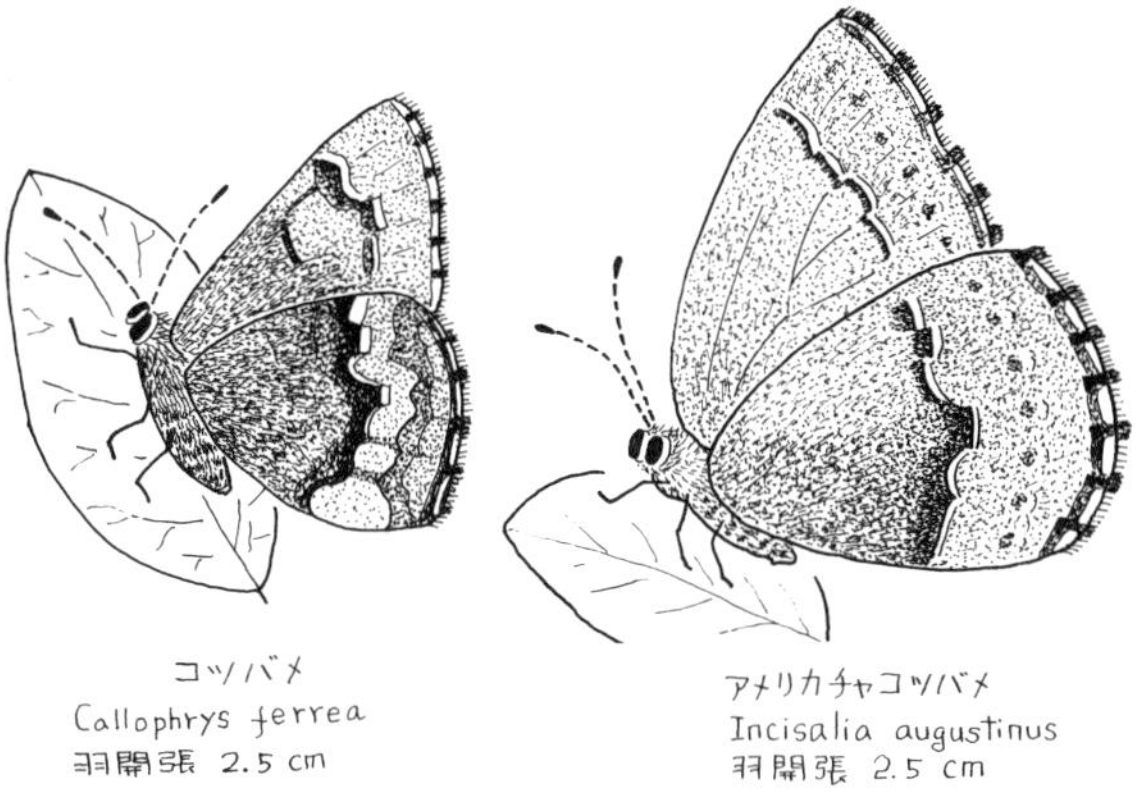

図49　コツバメとアメリカチャコツバメ

（注）ワイルド・ライラックは、北米から中米にかけて分布する灌木群で、日本やヨーロッパには存在しない。図鑑『カリフォルニアの樹木』の絵をみると、日本のクロウメモドキ（*Rhamnus* 属、クロウメモドキ科）に似ている。英名のワイルド・ライラックは、花の姿がライラック（モクセイ科）に似ているからだろう。

新たな疑問が湧いてきた。それは、北アメリカがコツバメ属のふるさととして、では、日本のコツバメは、北アメリカから、いつごろ、どのようなルートをとおって、日本にやって来たのか、という疑問である。最初は、行き先のわからない帆船に乗ったような気分だったが、ようやく、行き先がみえてきた。私の「コツバメ物語」は、コツバメの日本ルートを探す船旅となった。

このような、蝶の来歴を探る学問は、何学というのだろうか。考古学のような、しっかりした出土資料があるわけでもない。頼りになるのは、現在の蝶の分布資料と、その背景にある地球の歴史―地形変動、気候変動、植生変化など―のデータだけである。私は、その方面の専門家ではないし、資料を十分もっているわけでもない。はなはだ頼りない状態にあるのだが、それでも、このような蝶の来歴学に、なぜか、おおいに興味がそそられる。

蝶の来歴をしらべるやり方として、私には、ひとつの方法論がある。それは、蝶の餌植物を手がかりにして問題に迫る、というものである。1章の「コミスジの履歴書」で試みたように、蝶の来歴を、その餌植物から迫ってみれば、専門家たちとはちがった見方、私独自のユニークな見方が生まれてくるのではないか、と考えている。といっても、じつは私は、専門家の論文は、ほとんど読んでいない。研究資料をもっていないからである。また、図書館に行って論文を探す気持ちもない。論文を読んで、洗脳されてしまっては、おもしろくないからだ。

問題へのアプローチは、小さな書斎の本棚にある書物を頼りに、頭を働かせて、空想的な推理作業をするだけである。年寄りの道楽半分にやっている仕事だから、まちがいを犯しても、気にすることもあるまい。それに、私が読者のみなさんに提示したいことは、結果ではなく、そこにいたる推理の仕方と経過なのである。そんな勝手な理屈をいいながら、空想にふける日々がしばらくつづいた。しかし、決められた日までに論文を出さなければならない、という仕事でもない。あせらず、のんびり考えることにした。好きなことをやっているのだから、けっこう楽しい。そんな推理時間を楽しんでいると、ふしぎに、いろいろなことがみえてくる。

針葉樹を食餌にした蝶

北アメリカのコツバメ類をしらべていて、ひとつ、おもしろい蝶の存在に気づいた。ルイス『原色世界蝶類図鑑』（保育社）の北アメリカのページを開いてみると、コツバメ属（日欧では *Callophrys*、アメリカでは *Incisalia* で示されている）に四種の記載があり、そのなかに *Incisalia niphon* という種があった。種名の *niphon* は、なにか日本と関係があることを示しているのだろうか。和名をつけるとすれば、アメリカニホンコツバメ、ということになる。北アメリカの東部（カナダ〜フロリダ）に広く分布し、西部ではブリティッシュ・コロンビアとワイオミングに別亜種が生息するという。そして私をおどろかせたのは、その餌植物がマツ属 *Pinus* と記してあったことである。

アメリカニホンコツバメは、マツ属を食餌にしているが、マツのどの部分を食べるのだろうか。コツバメ類はみんな、花・つぼみ・実を食べているから、アメリカニホンコツバメもマツの花穂を食べているのだろうか。

コツバメ属のなかに、マツを食餌にしている種がいる。針葉樹を食べる蛾は多種類存在するが、針葉樹を食べる蝶はきわめて珍しい。針葉樹は、広葉樹にくらべると原始的であり、だから蛾は蝶より原始的な生きもの、といえるのである。おなじ理由から、針葉樹を食べる蝶は、原始的な蝶、と考えられる。コツバメ属のなかに、針葉樹を食べる種がいる、ということは、コツバメ属は原始的な蝶群であることを暗示する。

針葉樹を食べる蝶、ということで、私は思い出す。いまから九年まえ（一九九七年）、『カリフォルニアの森林』という本を翻訳していて、針葉樹を食餌にしている蝶の存在を知り、たいへん興味を感じたことを。そして「あとがき」でつぎのようなことを書いている。

「ダグラストガサワラを中心とする針葉樹の温帯多雨林や、蛇紋岩上のサージェントイトスギの矮生林も見てみたい。サージェントイトスギ（ヒノキ科）の林には、その樹種だけに寄生する特殊な蝶・ミューアシジミが生息しているという。針葉樹を餌にしている蝶なんて、世界広しといえども、この一種だけではないか、と思う。なんだか、楽しい夢を内臓した昆虫のように思われる。」（西口訳『セコイアの森』）

いま、コツバメのことをしらべていて、針葉樹を餌にしている蝶がミューアシジミだけでないことを知った。九年まえ、米書を翻訳していて湧きだした興味が、いま、コツバメの仲間をしらべていて湧きだしてきた興味と、合流したのである。偶然とはいえ、ふしぎな巡り会わせを感じる。私はさきに、コツバメに物語性のあることを予感した、と書いたが、それは、ミューアシジミとの巡り会いを予感していたのかもしれない。

ミューアシジミは、学名を *Mitoura nelsoni muiri* という。そこで、か

図50　北アメリカのグリネシジミ

りに*Mitoura*属をミューアシジミ属と呼ぶことにする。つぎに、手元にある自然観察ガイドブック『北アメリカでよくみられる蝶』をしらべてみた。ミューアシジミ属の蝶として、グリネシジミ*Mitoura grynea*という種が載っていた。この蝶は北アメリカの東部に広く分布しており、エンピツビャクシン（ヒノキ科）の生える丘に生息しているという。幼虫の餌はビャクシン類とある。また、タイセイヨウシロヒノキ（ヒノキ科）の林には、ヘッセルシジミ*Mitoura besseli*という別の蝶が生息している、とも書いてあった。

北アメリカ西部のミューアシジミも、東部のグリネシジミやヘッセルシジミも、ともに、ヒノキ科の針葉樹を餌にしている。『北アメリカでよくみられる蝶』の写真をみると、アメリカチャコツバメ（コツバメ属）の羽の裏側の模様は、グリネシジミ（ミューアシジミ属）のそれによく似ている（図49および図50参照）。コツバメ属とミューアシジミ属は、かなり近い関係にあることがうかがえる。

私はいままで、北アメリカの蝶については、あまり興味をもっていなかった。熱帯アジアのような、華麗な蝶がいないからである。しかし、針葉樹を餌にしている蝶は、北アメリカ以外には存在しない。シロチョウ科の仲間で、松葉を食べるマツノキシロチョウも、カナダ南部からカリフォルニア南部の針葉樹林に生息している。北アメリカは、植物も昆虫も、古い種のたまり場になっている。針葉樹に寄生するキクイムシも、アメリカで活躍しているのは、デンドロクトヌスという、原始的な種類である。(西口『森と樹と蝶と』)。広葉樹にしても、プラタナス、アメリカフウ、ユリノキ、ハナノキなど、古い樹種がいまでも活躍している。だから、針葉樹を食べるシジミチョウがいても、ふしぎではない。

コツバメの遍歴　北アメリカからユーラシアへ
—餌は針葉樹から広葉樹へ—

コツバメ属の先祖は、ミューアシジミ属ではないかと思う。なぜなら、ミューアシジミ属が食餌にしているヒノキ科は、コツバメ属が食餌にしているマツ科より、はるかに古い植物だからである。ミューアシジミ属は北アメリカにしか存在しない。北アメリカで誕生し、北アメリカで発展した蝶群と思われる。一方、コツバメ属は北アメリカで誕生し、分布をユーラシアへ広げている。ミューアシジミ属のことはさておき、ここでは、コツバメ属の誕生と発展の経緯を考えてみよう。私は次のような推理話をもっている。

①マツ属からワイルド・ライラックへ食餌転換

コツバメ属は、北アメリカの南部で、最初はマツ科マツ属を食餌とする蝶として誕生し、北アメリカの多様なマツ属社会に適応して分布を広げ、多種に分化していったのではないか、と思う。そしてのち、コツバメ属のなかから、ワイルド・ライラック（広葉樹）に食餌転換するものが現われる。

こう考えると、ここで、ひとつの疑問が湧いてくる。それは、どうしてマツからワイルド・ライラックへの食餌転換なのか、その転換に、なにか必然性があるのか、という疑問である。

ワイルド・ライラック（*Ceanothus* 属）は日本には存在しない。日本の植物では、クロウメモドキ属 *Rhamnus* に近いが、どうも、その正体がみえてこない。もやもやした気分がつづいていたが、あるとき、『カリフォルニアの樹木』を読んでいて、興味ある記述をみつけた。

その図鑑によると、カリフォルニア州では *Ceanothus* 属（全部で四三種も記載されている）は、「単木で、あるいは群落で、各地にまれならずみられ、枝葉には栄養が豊かにあり、野生動物の餌として価値が高い」、とある。だから、蝶の幼虫にも好まれるのではないか（私の推測）。また、「山火事が発生すると、タネの皮が破れて発芽し、山火事あとの裸地に芽生えて、群落を定着させる。根には根粒菌があり、窒素をよく固定する」、とある。山火事とその跡地によく適応した植物であることがわかる。

北アメリカ西部のマツ属樹種の多くも、「山火事あと発芽」という、おなじような発芽機構をもっている。北アメリカのワイルド・ライラック類は、どうやら、マツ属と行動を共にしているらしい。だから、マツ属を食餌にしていたコツバメの一部が、マツ林の林下に生えるワイルド・ライラックに食餌転換した、としても理解できる。針葉樹のマツよりワイルド・ライラックのほうが、おいしいからである。

②マツ属からブルーベリーへ食餌転換

コツバメの餌植物については、もうひとつの、別の疑問が出てくる。マツ属を食餌にしていたコツバメの一部が、どうして、ブルーベリーに食餌転換したのか、という疑問である。このことについたは、私は、つぎのよううシナリオを考えている。

アメリカ南部で、マツ属を食餌にして生活していたコツバメ属の一部が、アメリカ大陸を北上し、カナダあたりで、北方系マツ科針葉樹林（モミ属・トウヒ属）に棲みつく。そしてマツ科針葉樹林で生活しているうちに、林床に出てくるクロマメノキ（ツツジ科スノキ属、ブルーベリ

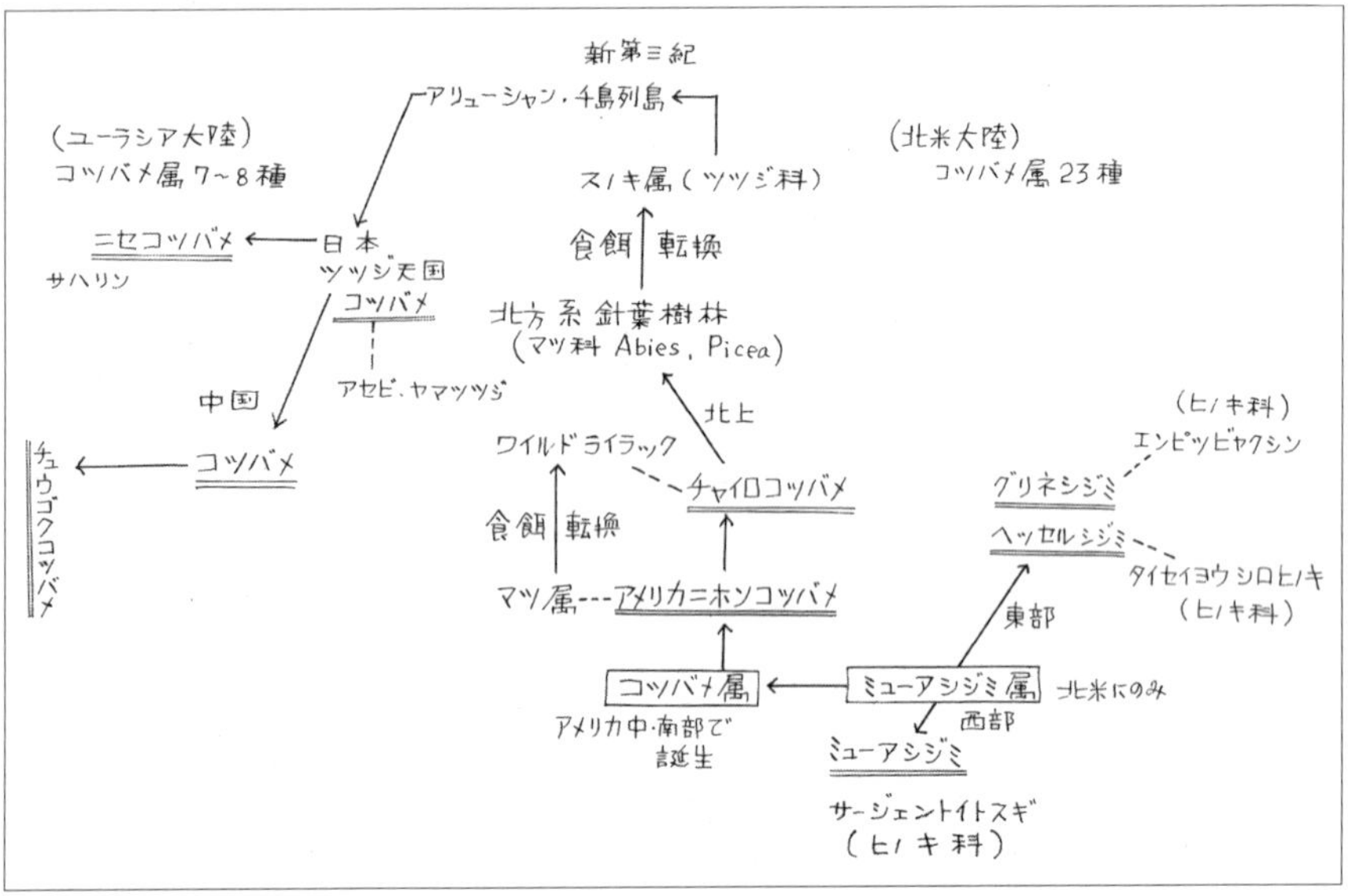

図51　コツバメの来た道（A）

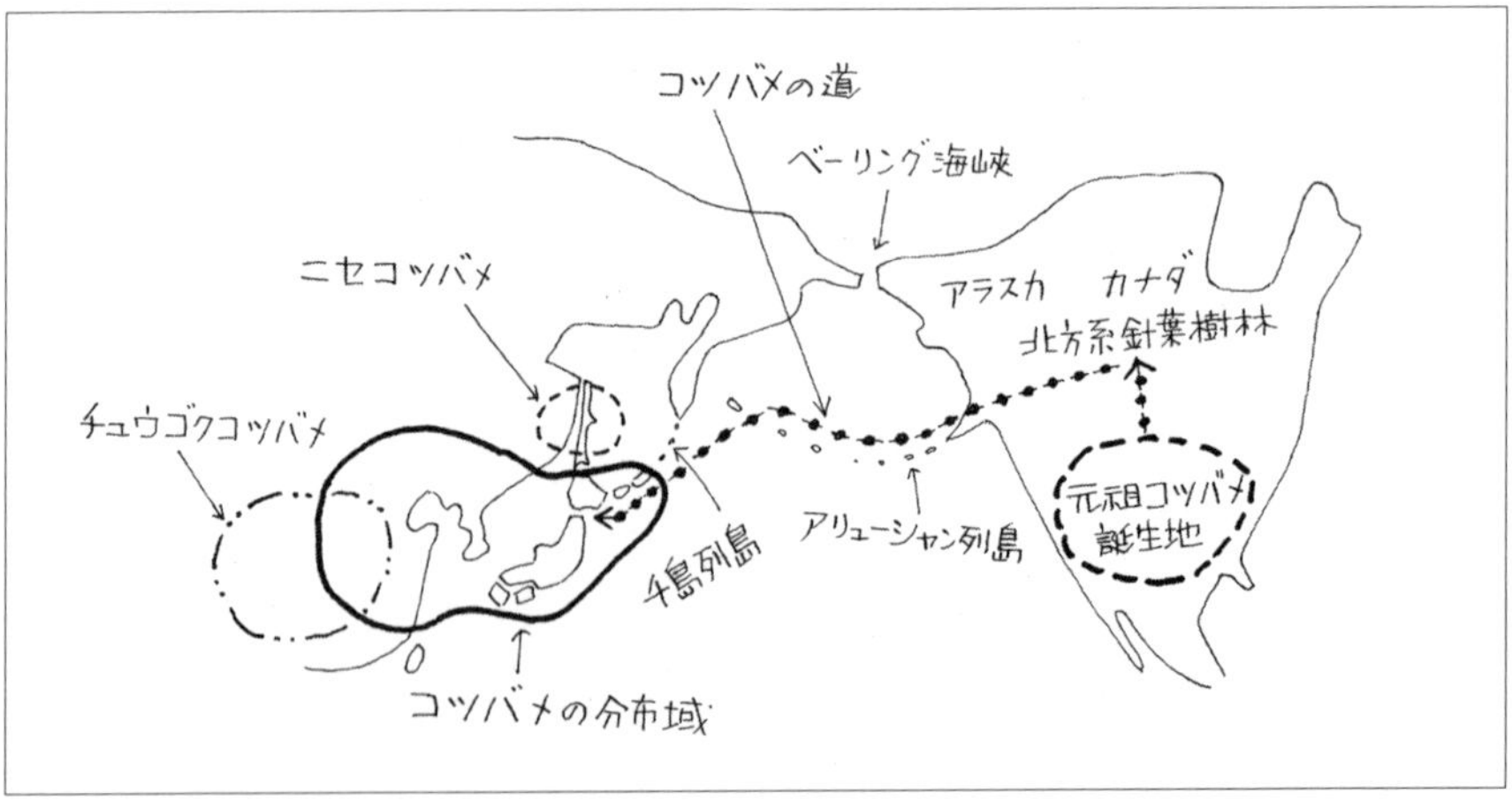

図52　コツバメの来た道（B）

ーのひとつ）に興味をもち、食餌をマツ科からクロマメノキに転換する。じつは、クロマメノキも、草食動物や昆虫に好まれる植物なのである。

③ブルーベリーからアセビへ食餌転換

クロマメノキは、周北極圏の針葉樹林下や、ツンドラ低木原野に広く分布する。クロマメノキを手に入れたアメリカチャコツバメは、今度はクロマメノキを伝って西進し、ベーリング海峡を渡って、東アジアにやってくる。そしてそこに、ツツジ天国を発見する。東アジアには、液果をつけるツツジ類（ナツハゼ、スノキ、クロマメノキなど）のほかに、乾果をつけるツツジ類（ヤマツツジ、レンゲツツジ、ミツバツツジ、アセビ、ネジキ、ホツツジなど）が多い。これらの乾果ツツジ群は、アメリカにはみられない。

アメリカチャコツバメは、アメリカでクロマメノキを食べていたから、乾果ツツジ類を食餌にすることにも、それほど違和感はなかったようである。おなじツツジ科だし、食べる部位が花だから。そして、東アジアの気候と餌植物に適応して、コツバメ *Callophrys ferrea* という種に変身する。

コツバメは、日本ではとくに、アセビの花が好きらしい。アセビの花には、馬を悪酔いさせる成分が含まれているが、コツバメの幼虫は、悪酔いしないのだろうか。コツバメは、東アジアに来て、いろいろなツツジの花を手に入れて、生活も安定し、おおいに満足しているようである。のんびり、日本生活をエンジョイしてください。

④アリューシャン・千島列島経由

私は最初、前述のように、コツバメは、古第三紀の地球温暖期に、ベーリング海峡を渡って東アジアにやってきた、と考えた。しかし、北方系針葉樹林(モミ・トウヒ属)の形成は、地球が寒冷化してきた以後のこと、つまり、新第三紀になってからの出来事だろう。とすると、コツバメ属がアメリカ南部のマツの国から、カナダの北方系針葉樹林にやってきたのは、古第三紀ではなく、新第三紀になってから、ということになる。

しかし、新第三紀では、コツバメにとって、氷のベーリング海峡を通過するのは困難である。あとになって、そう気がついて、私の思考は、ここでいったん停止してしまうことになる。ところがその後、偶然のことだが、「スギの来た道」(注)を考えていて、アリューシャン・千島列島ルートの存在に気づいた。コツバメも、スギとおなじように、アリューシャ

(注)「スギの来た道」については、日本のスギは、北アメリカのジャイアントセコイアが、アリューシャン・千島列島を経由して日本にやってきて、豪雪に適応する形でスギに変身した、と私は考えている。この話は、チャンスがあれば、次回の本のなかで提示したい、と思っている。

ン・千島列島ルートをとおって、日本にやってきたのではないか。このルートなら、コツバメは、新第三紀でもとおることができる。もし、コツバメがアリューシャン・千島列島を経由してきた、とすれば、コツバメが東アジアで最初に上陸した場所は、日本の北海道ということになる。そこから本州に南下したのだろう。日本列島は、ツツジ科の種の豊富さにかけては、東アジアのなかでも抜群の、ツツジ天国なのである。

現在、日本に生息する生きものは、日本で誕生したものは別として、そのほとんどは、中国大陸から、あるいは東南アジアの島じまを経由して、日本へやってきたものたちの子孫である。しかし、コツバメは北アメリカ大陸から日本にやってきた、珍しい経歴の持ち主であった。アメリカシロヒトリやセイダカアワダチソウのように、ごく最近になって、人間活動に便乗して（船や飛行機に無賃搭乗して）、アメリカから日本にやってきた生きものは、けっこうたくさんいる。しかし、自力で太平洋を、東から西へ渡ってきた生きものは、スギとコツバメ以外に、いまのところ、私はその例を知らない。

7章　タネツケバナに擬態して
―ツマキチョウとクモマツマキチョウ―

図53　ツマキチョウ♀（仙台、S. Ito 撮影）
カラー口絵⑲参照

和服姿の「春の妖精」　―ツマキチョウ―

前章で春の妖精・コツバメの旅の話を書いたが、日本の里山には、もう一種、可憐な春の妖精が生息している。ツマキチョウである。モンシロチョウをひとまわり小さくしたような蝶であるが、前羽の先端が鉤形《かぎがた》に尖っている（図54）。雄はその部分がオレンジ色で、とてもかわいい。雌にはオレンジ色はないが、かえって、清楚な印象をうける。

ここに、一枚の写真がある。森林教室の受講生のひとりが、仙台の自宅の庭で撮ったものである。サクラソウとツマキチョウ（雌）の組み合わせが、よく似合う。コツバメを、活発なジーパン・スタイルのギャルとすれば、ツマキチョウは、しとやかな和服姿の女の子のようにみえる。

しかし、小学館『日本のチョウ』には、「日あたりのよい林のふちを、ひ

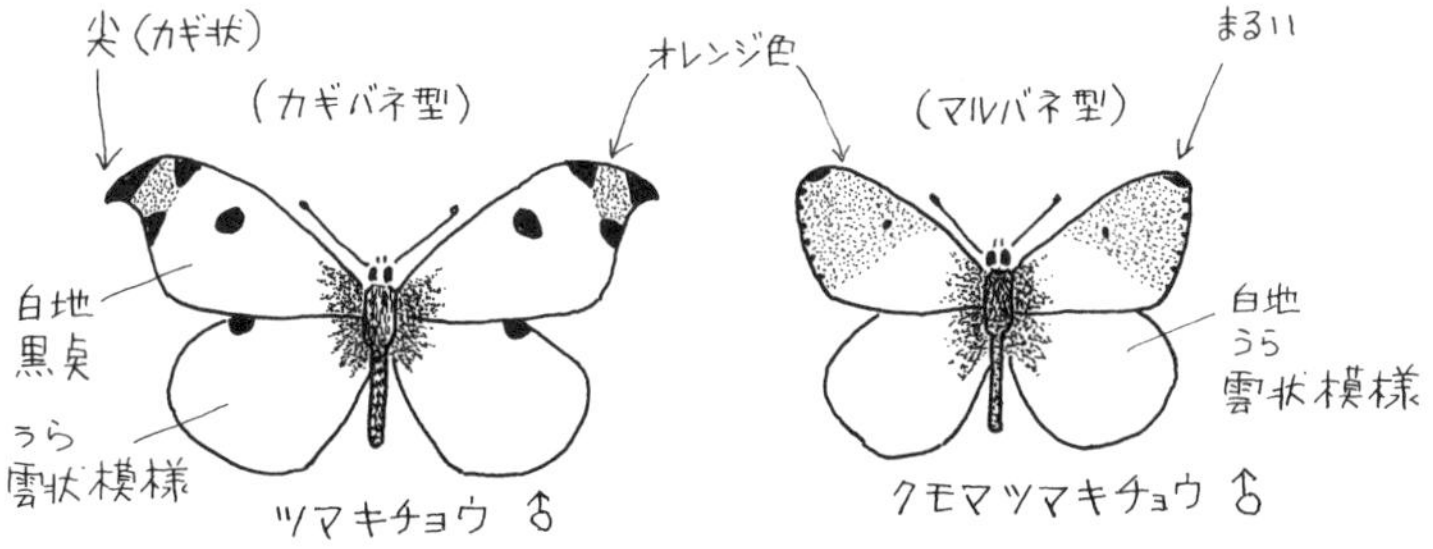

図54　ツマキチョウとクモマツマキチョウ

らひらと、低く、一直線に飛ぶ」とある。ツマキチョウは、容姿に反して、案外、活動的な女の子、なのかもしれない。

少年時代、私は虫キチだった。春になると、ツマキチョウを求めて、北摂（大阪府北部）の山やまを歩きまわったものだ。ツマキチョウは初恋の蝶だった。大人になって、ツマキチョウのことはすっかり忘れていたが、いま、この写真を眺めていて、また、ツマキチョウに会いたくなってきた。河北新報『宮城の昆虫』によると、「平地、丘陵地、山地に広く生息し、以前は広瀬川の川原でもよく見かけた」とある。

昨年（平成十七年）、五月はじめのある日、朝から青空が気持ちよく広がっていた。私は、捕虫網をもって、自宅近くの縄文遺跡の森へ出かけた。ムラサキケマン、クサノオウ、ウラシマソウ、タチツボスミレ、コスミレ、ハルリンドウ、カキドウシ、カラスノエンドウなど、いろいろな野草の花がみられた。一ヶ月まえにくらべると、春草の世界は多彩で、華やかになっていた。この日は、キチョウ、スジグロシロチョウ、ベニシジミ、ルリシジミ、コツバメのほか、ツマキチョウもたくさんみられた。ツマキチョウは、最初、小型のモンシロチョウか、と思っていたのだが、ちょっと気になって捕まえてみると、なんと、ツマキチョウだった。少年時代の初恋の蝶が、わが住居の近くの森に、たくさん棲んでい

図55　スジグロチョウ、食草はツマキチョウと同じ、タネツケバナ、イヌガラシ（仙台、M. Takahashi 撮影）カラー口絵⑳参照

たとは。

私はもう老境にあり、少年時代のように、蝶を追いかけまわすようなことはなくなった。動きが鈍くなったせいもあるが、いまは興味が、蝶そのものより、蝶と草木の関係にむいているのである。大学を定年でやめてから、また、蝶への興味が再燃してきた。「二度わらべ」という言葉を聞いたことがある。私もまた、少年時代に戻ってきたようだ。蝶に関しては、まだ、生半可なアマチュアにすぎないが、蛾や蝶の餌植物をしらべていると、蝶屋さんが問題にしていない、なんでもないことに、しばしば「ふしぎ」、あるいは「なぞ」を感じる。それを俎上に乗せ、あれこれ推理するのが、とても愉快なのである。専門家に笑われているのを承知のうえで、勝手論をやっている。老後に、こんな愉しみが待っていたとは、想像もしていなかった。

本章では、ツマキチョウをとり上げることにした。初恋の蝶に、いま一度、情熱を注いでみたくなったからである。その情熱とは、捕獲し展羽して標本箱に収めることではなく、一編の物語を作成することである。

ここでは、ツマキチョウが、なぜ、「春の妖精」になったのか、という問題は追究しない。その問題は、4章「春の妖精の条件」で、かなりエネルギーを費やしてしまったからだ。では、なにを書くべきか。じつは、現時点では、まだ、ツマキチョウに、どんな物語性があるのか、なにもみえていないのである。ともかく、蝶類図鑑を頼りに、まずは、ツマキチョウが、日常どんな生活をしているのか、しらべてみた。

ツマキチョウの餌植物

学研『オルビス学習科学図鑑・昆虫1』によると、ツマキチョウは、北海道（中・南部）から九州にかけて分布し、国外では中国（東北部を除く）と朝鮮半島にも分布する、とある。どちらかというと、暖地の蝶らしい。成虫は、春にのみ姿をみせる。出現時期は、桜の散る時期とほぼ一致する（小学館『野外探検大図鑑』）。幼虫は、タネツケバナ、イヌガラシ、ヤマハタザオ、ナズナなど、アブラナ科の、花・つぼみ・果実を食べる、という。つまり、ツマキチョウの食べものは、ダイコンの仲間の花と実、なのである。

ツマキチョウは学名を *Anthocharis scolymus* という。属名の *Anthocharis* とは「花によろこぶ」という意味だそうだ。しかし、蝶はみんな、花によろこんで集まるから、ツマキチョウ属だけが、「花によろこぶ」わけではない。「花によろこぶ」という意味は、ツマキチョウ属の幼虫が、アブラナ科の「花」を食べることから付けられた名ではないか、と私は勝手に解釈している。属名の命名者はリンネである。

ツマキチョウが、北海道東・北部の寒冷地を除いて、日本全国（沖縄も除く）どこにでもみられるのは、その餌植物が全国どこの野原や里山にも存在するからだ。では、タネツケバナ、イヌガラシ、ヤマハタザオ、ナズナとは、どんな植物なのか。私自身の勉強もかねて、野草図鑑（自然観察シリーズ『野の植物』『山の植物』小学館、『野草大図鑑』北隆館、『日本の野生植物・草本（フィールド版）』平凡社、など）をしらべてみた。

①タネツケバナ *Cardamine flexuosa*

日本全土、北半球の温帯に広く分布、田んぼ、畑、道端に自生する。草丈は一〇〜三〇センチ、軟らかい草（だから虫に好まれる）、越年草。羽状複葉で小葉は小さく円形。花は白色で総状花序。果実は細長い莢《さや》となり、花軸にそって斜め上方に立ちならぶ。和名の由来は、この花が咲くころ、イネの「種籾を水に漬ける」ことにある、という。

②イヌガラシ *Rorippa indica*

日本全土、中国、東南アジアに分布。南方系の野草。道端にみられる。

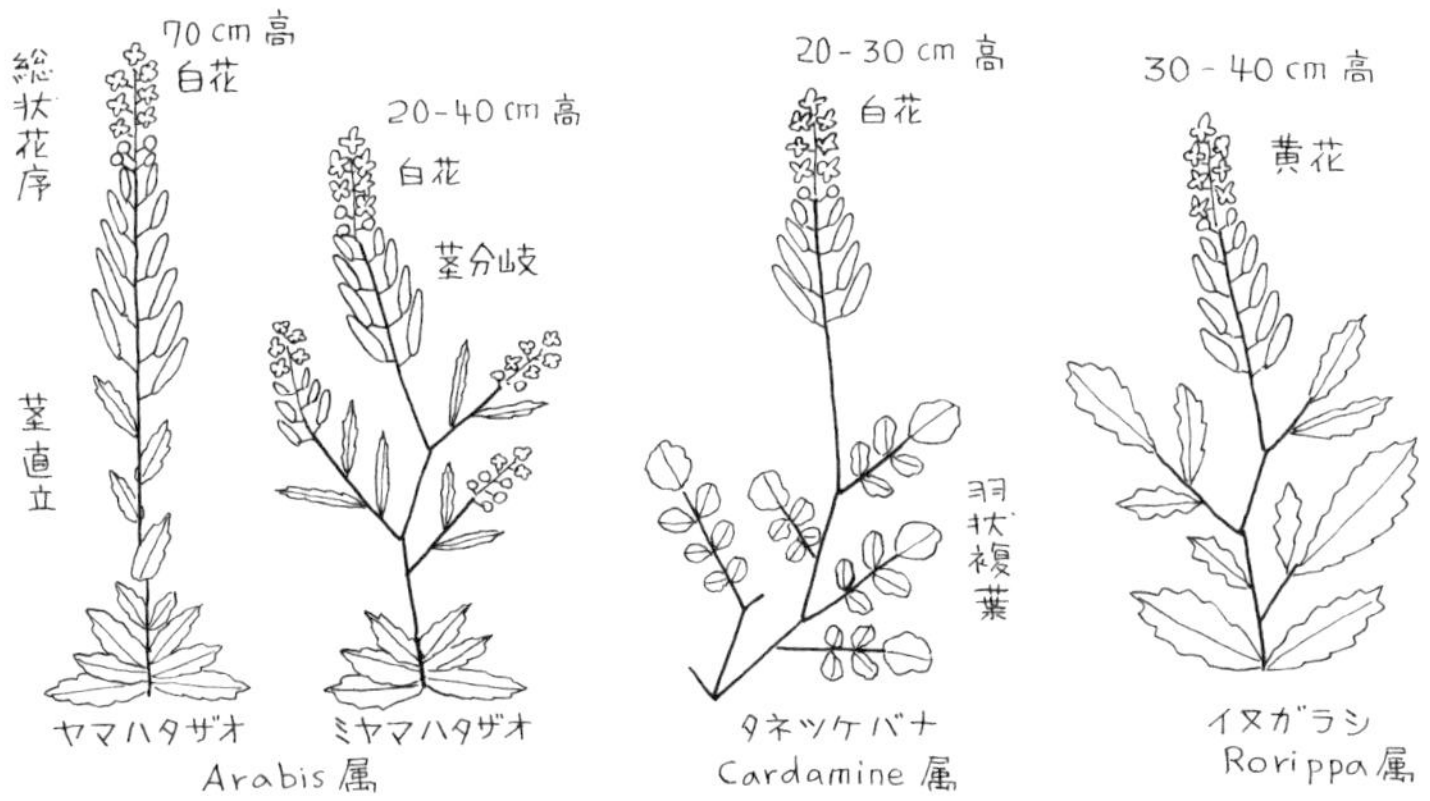

図56　ツマキチョウの餌植物

草丈は一〇～五〇センチ、越年草。葉は互生、下葉は大で切れこみが出るが、上葉は小で切れこみがない。花は黄色で総状花序。果実は細長く湾曲する莢となり、花軸にそって斜め上方に立ちならぶ。

③ヤマハタザオ *Arabis hirsuta*

北海道～九州のほか、北半球の温帯に広く分布し、日あたりのよい山野に自生。草丈は三〇～八〇センチ、越年草。茎は枝分かれせず、まっすぐに伸びる（旗竿のように）。根元葉（ロゼット）は大きいが、茎葉は小さく茎を抱き互生。花は白色で総状花序、果実は細長い莢、花軸にそって斜め上方に立ちならぶ。

④ナズナ *Capsella bursa-pastoris*

日本全土、北半球に広く分布。平地の道端に自生。草丈は一〇～四〇センチ。越年草。根元葉は切れこみ深く柄がある。茎は春早く立ち、茎葉には柄がない。花は白色で総状花序、実は逆三角形（ペンペングサ）。

前記の野草をスケッチしていて、ナズナ以外の三種に共通点がひとつ存在することに気づいた。それは、莢果《きょうか》がやや細長くて、花軸にそって斜め上方に立ちならぶことである。この姿は、山地や草原で、タネツケバナやヤマハタザオを見つけだすのに、よい目のつけどころになる。

また、前記四種はいずれも、広い分布域をもつ。しかし、これらの野草が、もともと広い分布域をもっていたのか、疑わしい。これらは、日あたりを好む植物で、人間の環境破壊による裸地の増加が、これらの野草の分布拡大にプラスに作用しているのではないか、と思う。だから、それを食餌にしているツマキチョウも安泰、というわけである。環境破壊で多くの生きものが滅びていく、という状況のなかで、ツマキチョウは幸せもの、といわざるをえない。

亜高山帯の妖精 ―クモマツマキチョウ―

日本にはツマキチョウの親戚がもう一種いる。クモマツマキチョウである。これまた、美少女である。本州の亜高山帯（南・北アルプスの周辺のみ）の谷間に生息し、比較的珍しい蝶である。学名は *Anthocharis cardamines* という。命名者はリンネである。リンネ（Carl von Linné 1707–1778）は、二命名法（属名＋種名）の創始者で、ヨーロッパの、ごくふつうにみられる生きものに学名をつけている。種名の *cardamines* とはタネツケバナを意味する。クモマツマキチョウの幼虫がタネツケバナ類の花・実を食べることが、リンネが生きていた時代に、すでによく知られていたのだろう。

ヨーロッパでは、クモマツマキチョウは低地から亜高山帯にまで、広く生息しており、春、人家の庭園や近くの生垣林にも出現してくる、という。成虫（雄）の前羽の先端は、あでやかなオレンジ色だが、形は円く、ツマキチョウのように鉤形に尖ることはない。ヨーロッパではOrange-tip（オレンジつまさき）と呼ばれている。

クモマツマキチョウは、日本では、遠く離れた亜高山帯の蝶だから、はじめは、本書でとり上げるつもりはなかった。しかし、わが初恋の蝶・ツマキチョウの従妹だし、それに、われわれが、たとえば、自然観察ツアーでヨーロッパや中国の里山を旅行するとき、この蝶に出会う可能性もある。そのときに備えて、クモマツマキチョウも、私の物語に入れることにしたのである。それに、この蝶は、抜群にかわいいから、知らん顔はできない。日本の切手でも、「蝶シリーズ」に登場してくる。

『中国東北蝶類誌』を読んでみると、クモマツマキチョウは、華南をのぞいて、中国のほぼ全域に分布している。また、青山潤三『中国のチョウ』によると、「四川省黄瀧の山岳地帯（標高三〇〇〇～四〇〇〇メートル）では六月下旬に、陝西省秦嶺山脈の山麓（標高七〇〇～一五〇〇メートル）では四月下旬から五月上旬に豊産し、木陰と陽だまりが入りくんだ新緑の路傍を、多数の雄が次々に行き来する」とある。中国のクモマツマキチョウも、ヨーロッパとおなじく、里山から山岳地帯にまで、広く生息している蝶のようである。

クモマツマキチョウの日本ルート

ではどうして、日本のクモマツマキチョウは、高山蝶で、里山には生息しないのだろうか。これが、ツマキチョウのことをしらべはじめて、最初に湧いてきた素朴な疑問である。その答えを探すのに、すこし時間がかかった。疑問は、夢のなかまで追っかけてくる。朝になって目が覚めた。寝床のなかで、突然、断片的なシナリオが浮かんできた。急いで、机にむかって、その断片を組み立てる。それが、つぎのようなシナリオになった。

中国の西部から東北部にかけての山岳地帯に生活の拠点を置いていたクモマツマキチョウ個体群の一部が、氷河期に、朝鮮半島を南下し、日本本州の西南部に入って避寒する。そして間氷期（温暖期）には、朝鮮半島を北上してふるさとへ帰っていくのだが、一部のものは帰る道をまちがえて、本州中部の山岳地帯に登ってしまい、そこに日本個体群を構築する。つまり、日本のクモマツマキチョウの集団は、中国東北部の山岳地帯からやってきた一派で、だからそれは、山岳系の個体群といえる。そして、日本の中部山岳へ到達してから日が浅く、里山環境にはまだ適応できていない、と私は推理する。クモマツマキチョウが中部山岳に登ってきたのは、いまから数万年か、十数万年ほどまえ、ではないかと思う。

ヨーロッパのクモマツマキチョウも、やはり、中国西部の山岳系個体群の一部が、中央アジアの高原・山岳地帯をとおって、ヨーロッパの山岳地帯に棲みついたものだろう。しかし、ヨーロッパに入った時期は、日本にきた時期よりずっと早く、第四紀のはじめごろ、氷河時代のすこしまえではないか、と思う。ヨーロッパのクモマツマキチョウは、それから長い時間（一〇〇万年ほど）をかけて、高山帯から里山まで、多様な環境に適応していったのだろう。クモマツマキチョウは、環境適応力のある、進化した蝶、と私はみている。

いずれにしても、日本では簡単には会えそうにないクモマツマキチョウだが、中国やヨーロッパにいくと、山麓地帯や田園地帯でもみられる可能性がある。中国やヨーロッパの自然探訪の旅をするときは、ぜひ、みなさんも、クモマツマキチョウを探してみてください。もし、写真に収めることができたら、旅がいっそう楽しいものになるでしょう。

ツマキチョウ（古型）の誕生 ―イヌブナ類の分布に似る―

ツマキチョウとクモマツマキチョウを比較しながら、この蝶の来歴を考えていて、ひとつ気になることが出てきた。ツマキチョウの前羽の先端の形が、クモマツマキチョウのそれと異なることである。最初、ツマキチョウだけを考えていたときは見すごしていたのだが、クモマツマキチョウを物語に加えようと考えたとき、そのことに気づいた。前羽先端の形のちがいは、なにを物語っているのか。探ってみると、ツマキチョウ属の誕生の歴史がみえてきた。

ツマキチョウ属*Anthocharis*は、前羽の先端が鉤形になるツマキチョウ群（鉤羽型）と、羽の先端が円いクモマツマキチョウ群（円羽型）の二群に分けられる。ルイス『原色世界蝶類図鑑』をひもといてみると、ユーラシア大陸には、円羽型五種、鉤羽型二種、北アメリカ大陸には、円羽型二種、鉤羽型二種、計一一種が記載されている。

鉤羽型ツマキチョウは、日本でこそ勢力を張っているが、ユーラシア大陸と北アメリカ大陸という、広い目でみると、鉤羽型は南方系、円羽型は北方系で、大きく勢力を張っているのは、円羽型（クモマツマキチョウ類）のほうであった。このことから、鉤羽型のほうが、ツマキチョウ属の古型、と私は考えるようになった。

鉤羽型のツマキチョウは、ヨーロッパには存在せず、東アジアに二種、北アメリカに二種存在する。ここで、また気づいた。この分布型は、古型ブナ属（イヌブナ類）の分布に似ていることを。

イヌブナ類は、ヨーロッパには存在せず、東アジアに三種（日本にイヌブナ、中国にナガエブナとエングラーブナ）、北アメリカに一種（アメリカブナ）、が分布している。このようなイヌブナ類の分布は、共通の先祖が、古第三紀（超温暖期、二五〇〇万年まえより以前）のころに北極周辺に棲んでいたこと、そして新第三紀（冷涼期、二五〇〇万年まえより以降）になって、北アメリカと東アジアに別れて南下し、別種に分化したこと、を暗示する。

鉤羽型のツマキチョウ類についても、イヌブナとおなじことが推測できる。古第三紀に北極周辺で生活していた元祖ツマキチョウは、新第三紀になって南下する。そして、東アジアに南下したものは、①ウンナンツマキチョウ（中国雲南）と②ツマキチョウ（中国・日本）に分化し、北アメリカに南下したものは、③ヒガシツマキチョウ（東部）と④ニシツマキチョウ（西部）に分化する。私は、鉤羽型ツマキチョウたちの遍歴を、このように推理した。

クモマツマキチョウ（丸羽型）の誕生と遍歴

では、円羽型（進化型）のクモマツマキチョウは、いつ、どこで誕生したのだろうか。ここでもまた、進化型ブナが古型イヌブナから誕生してくる経緯が参考になる。

進化型ブナは、古型のイヌブナにくらべると、葉は小さく、葉脈の数も少ない。それは、進化型ブナが、地球の寒冷化に適応する形で、古型ブナから誕生したことを暗示する。場所は中国中南部の照葉樹林帯、誕生時期はいまから一〇〇〇万年ほどまえ、と私は推測する。進化型ブナは、それから長い年月をかけて、日本やヨーロッパに分散していく。

進化型ツマキチョウ（円羽型）も、中国中南部で、古型（鉤羽型）ツマキチョウから誕生したのではないか、と思う。時代は、ブナとおなじように、いまから約一〇〇〇万年ほどまえ、と推測する。誕生の動機は、やはり、地球寒冷化にともなう草原の拡大で、新しい環境への進出をねらってのことだろう。暖地系のツマキチョウのなかから、耐寒性を身につけた進化型ツマキチョウ（円羽型）が現われたのである。

中国中南部で誕生したであろう先祖円羽型ツマキチョウは、やがて分布を広げていく。一部は、北西に進路をとり、中央アジアの草原地帯をとおって、ヨーロッパに到達し、地中海沿岸にきて二種（①イタリアクモマツマキ、②トルコクモマツマキ）に分化する。また、別の一部は、北に進路をとり、シベリアのツンドラ地帯に到達して③シベリアクモマツマキとなり、そこから東進し、ベーリング海峡を渡って北アメリカに入り、二種（④セイブクモマツマキ、⑤メキシコクモマツマキ）に分化する。進化型ブナは、アメリカ大陸には入れなかったけれど、進化型ツマキチョウは入っている。これは、樹と蝶の分散力のちがいによるものだろう。

中国大陸には、円羽型ツマキチョウとして、羽が緋色の、美しいヒイロクモマツマキ⑥がみられる。現在、日本・中国からヨーロッパにかけて、ユーラシア大陸に広く生息しているクモマツマキチョウ⑦は、円羽型ツマキチョウ群のなかでも、一番あとになって誕生した種、もっとも進化した種、と思う。そして日本へは、氷河期になって、朝鮮半島経由で入ってきたもの、と私はみている。

以上、ツマキチョウ属の、原始型元祖から進化型現代種までの遍歴経

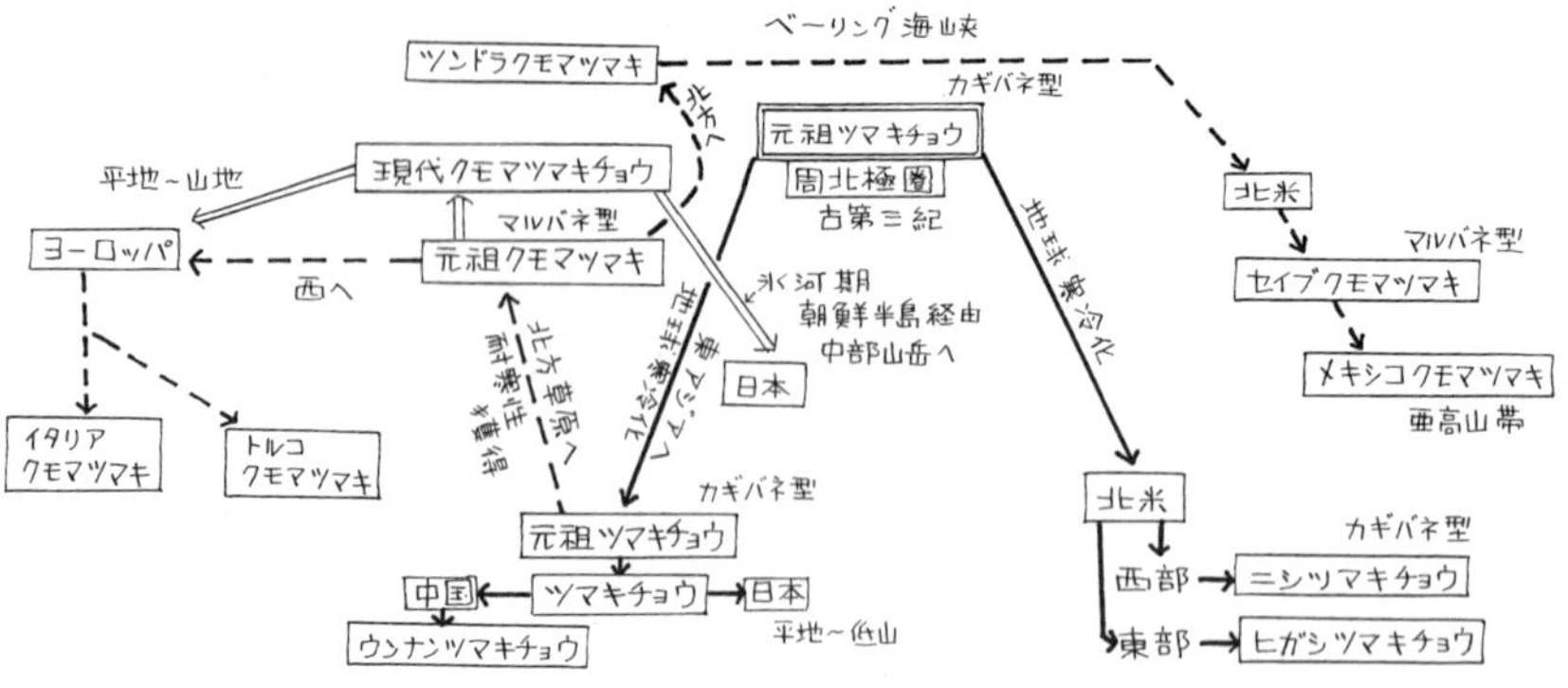

図57　ツマキチョウの世界遍歴

過を図にまとめると、図56のようになる。今回、ツマキチョウ属の遍歴の旅をたどっていて、日本のツマキチョウは、古い時代から生きながらえてきた、忍耐づよい生きものであり、一方、クモマツマキチョウは、ツマキチョウ属のなかでは、もっとも進化した現代種であり、ごく最近になって日本にやってきた新参者、という考えに到達した。

タネツケバナに擬態して

学研『オルビス学習科学図鑑・昆虫1』には、クモマツマキチョウの餌植物として、ハタザオ属のミヤマハタザオ、イワハタザオ、ヤマハタザオが記録されている。日本ではとくに、ミヤマハタザオが主食になっている、という。これは、山岳地帯の植物である。

ヨーロッパの蝶蛾図鑑には、クモマツマキチョウの餌植物として、Hedge Mustard（カキネガラシ、キバナハタザオ属）と、Lady's Smock（タネツケバナ属の一種）が載っている。これらは、田園地帯の野草らしい。ヨーロッパのクモマツマキチョウは田園地帯にも生息しているから、それらの野草が蝶の食餌になっているのだろう。スイス・アルプスのクモマツマキチョウは、当然、山岳性のタネツケバナ類（ミヤマハタザオ

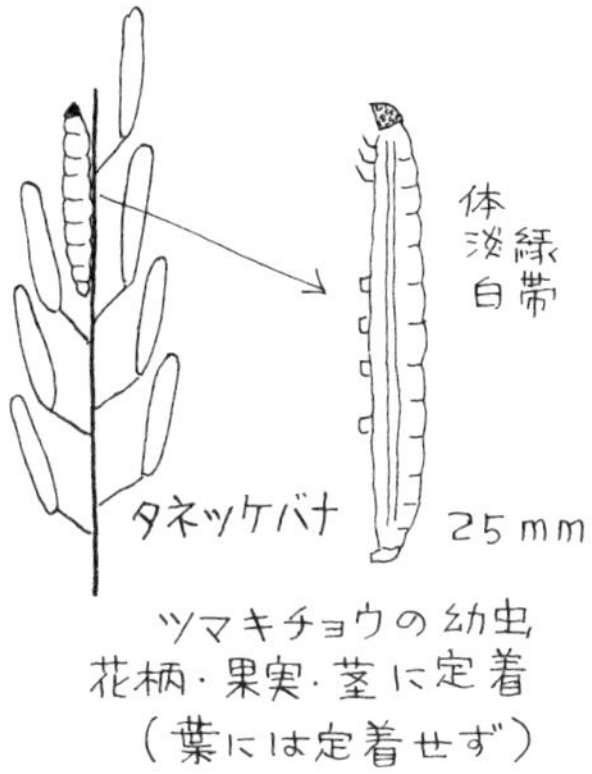

図58　タネツケバナの実に擬態する

に近いもの）を食餌にしている、と思う。

　クモマツマキチョウのことをしらべていて、ひとつ、おもしろいことを知った。クモマツマキチョウの幼虫の形は、餌植物の莢果の形に似ているのである。そのことを、カーター『蝶と蛾の写真図鑑』を読んでいて、気づいた。その図鑑には、「幼虫は青味がかった緑色か灰緑色で、食草のカキネガラシやタネツケバナの莢果によく似ている」と書いてあった。

　そうだったのか。タネツケバナやヤマハタザオの莢果は、花軸にそって斜め上方に立ちならぶ。この独特の姿に、クモマツマキチョウの幼虫は擬態していたのである。私はさきに、タネツケバナをみつけるための目のつけどころとして、この莢果の立ちならぶスタイルに注目したが、クモマツマキチョウも、おなじところに目をつけていたようである。

　おなじことが、当然、日本のツマキチョウにもあてはまるはずである。そこで、日本の蝶類図鑑をしらべなおしてみた。あった。学研の図鑑に、五齢幼虫の写真と解説文があった。「体長は二五ミリ、食草の実に擬態している」と書いてあった。短い文章だったが、納得できた。しかし、ひとつ、疑問が残った。ナズナの場合は、どうなるのか、という疑問である。ナズナの実は逆三角形で、ツマキチョウの幼虫の擬態対象にはなりにくいからである。私は、いままで、ツマキチョウの成虫に会いたい、とだけ願っていたのだが、今度は、幼虫にも会いたくなってきた。そして、擬態の様子を、自分の目で確認したくなった。

ツマキチョウは、わが町（七ヶ浜）にも、たくさん生息していた。そのことがわかって、私の心は、おおいに豊かになった。幸せをくれたツマキチョウに感謝したい。クモマツマキチョウには、残念ながら、まだ一度も会っていない。せっかくこの物語を書いたのだから、ぜひ一度、その生息地を訪ねて、挨拶をしなければならない、と思っている。

先日、テレビのミステリー劇場をみていて、岐阜と長野の県境にある安房峠《あぼう》や、乗鞍高原《のりくら》に、クモマツマキチョウが生息していることを知った。その食草（大根の花）が犯人逮捕のきっかけとなるのだが、テレビ作家にも、蝶のことをよく勉強している人がいるらしい。乗鞍高原なら車で行ける。私はまえから、飛騨高山のイチイの一刀彫りを買いたい、と思っているのだが、ついでに乗鞍高原まで足を伸ばして、クモマツマキチョウにも会ってこよう。そして、私の書いたことが、本当なのかどうか、訊ねてみたい、と考えている。

図59　ヒカゲチョウ（仙台、S. Ito 撮影）
カラー口絵㉑参照

8章　日本列島に守られて
―ヒカゲチョウとイチモンジチョウ兄弟―

縄文遺跡の森にて　―ヒカゲチョウの隠れ家―

私は『森と樹と蝶と』という本のなかで、つぎのようなことを書いている。

「ヒカゲチョウは本州・四国・九州に分布し、日本特産種である。青山によると、日本以外に近縁種さえもたない、純然たる日本固有の種だそうだ。おそらく、クロヒカゲ属 *Lethe* のなかでは、もっとも原始的な、遺存的な種ではないか、と思う。（中略）。この蝶は、地味で、だれにも注目されず、日陰の蝶になっているが、考えてみれば、世界中に兄弟も親戚ももたない、日本にしかいない、きわめてユニークな蝶なのである。これは、日本の宝だ。日本のどこか一箇所に、ヒカゲチョウ天国を造って、守ってあげたいものである。」

図60　クロヒカゲ（仙台、S. Ito 撮影）
カラー口絵㉒参照

六月下旬のある日、天気がよかったので、自宅の近くにある縄文遺跡の森に出かけた。とくにお目当ての虫がいるわけでもない。なにが出てくるのか、予想のつかないところが、かえって、おもしろい。森のなかの遊歩道を、捕虫網をかついで、のんびり歩く。

いちばん奥の暗い歩道で、黒っぽい中型の蝶の群れに出会った。最初、クロヒカゲか、と思ったのだが、クロヒカゲよりいくらか大きく、羽の色はやや淡い。数匹捕まえて、家にもち帰ってしらべてみた。蝶類図鑑によると、後羽裏側の、中央をたてに走る暗色線が、クロヒカゲでは外縁のほうにつよく曲がりこんでいるのに、ヒカゲチョウではそれほど曲がらず、比較的まっすぐにたてに伸びている。縄文遺跡の森で採ったクロヒカゲらしき蝶は、すべてヒカゲチョウだった。縄文遺跡の森はヒカゲチョウの隠れ家だった。日本のどこかに、その蝶の天国を造って守ってあげたい、と考えていたヒカゲチョウが、わが家のすぐ近くの、小さな森のなかに棲んでいた。私は、おどろくとともに、ヒカゲチョウを守ってくれていた縄文遺跡の森に感謝した。

それから半月ほどたった七月中旬に、隣町の多賀城市に蝶をしらべに行った。多賀城市には奈良時代の大和朝廷の政庁跡があり、いまは、その周辺一帯が緑地として保護されている。緑地帯の裏山には、いくらか

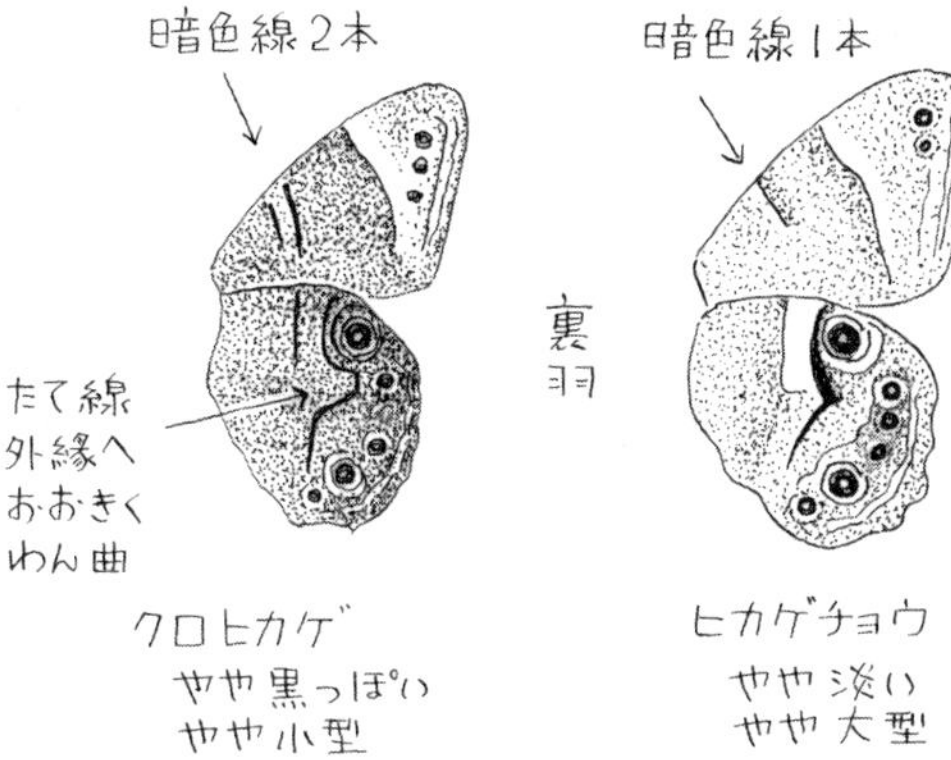

図61　クロヒカゲとヒカゲチョウの比較

大きい沼（加瀬沼）があり、冬は白鳥やキンクロハジロが飛来する。沼のまわりは、スギ・アカマツと広葉樹（コナラ、クリ、ヤマザクラ類、イヌシデ、など）の林に囲まれていて、格好の昆虫たちのすみ家になっている。この森でも、ヒカゲチョウに出会った。この森の林床にも、アズマネザサやミヤコザサが繁茂していた。それらが、ヒカゲチョウの餌になっていることは、まちがいない。

この森には、クロヒカゲも混生していたが、今度はすぐわかった。ヒカゲチョウのほうが、やや大きいのである。それに飛び方も、のんびりしている。しかし、個体数は、クロヒカゲのほうがずっと多い、という印象をうけた。クロヒカゲの軍勢が、多賀城の森まで、支配しているらしいことを知った。七ヶ浜のヒカゲチョウに、危機がしのび寄りつつあることを、感じた。

アサマイチモンジが舞う

別の年の、六月初旬のある日、原稿書きに疲れた頭を冷やすため、ぶらりと、縄文遺跡の森に出かけた。道端のガマズミは、ちょうど花ざかりで、緑のなかにあって、そこだけが、白く、明るく、光っていた。ガ

図62　イチモンジチョウ（月山、S. Ito 撮影）
カラー口絵㉓参照

マズミに枝に、スイカズラの蔓が絡んでいた。スイカズラの花は、はじめのうちは白色だが、のち淡黄色に変わる。それで、白花と黄花が混在しているようにみえる。中国では金銀花と呼ばれている。

スイカズラの群落の上を、イチモンジチョウがのんびり舞っている。スイカズラはイチモンジチョウの餌植物なのである。ふつうのイチモンジチョウにしては少し大きい。アサマイチモンジだろうか。網をひとふり、捕獲する。イチモンジチョウの仲間は、黒地に白の斑紋列が八の字を逆さまにした形にならんでいる。上から四番目の白紋が、イチモンジチョウでは小さく消えかかっているのに、アサマイチモンジではやや大きく、はっきりついている。捕えたのはアサマイチモンジだった。

この森の別の場所では、ふつうのイチモンジも採れた。この森では、イチモンジチョウとアサマイチモンジが仲良く遊んでいるようだが、どちらかというと、アサマイチモンジのほうが多いようにみうけた。一般的には、広く、ふつうにみられるのはイチモンジチョウのほうだが、青山『日本の蝶』によると、低地帯では、ところにより、アサマイチモンジのほうが多い地域もある、とある。イチモンジチョウのほうが、いくらか山地系なのだろうか。七ヶ浜の「なに」が、アサマイチモンジに有利に作用しているのだろうか、いろいろ、疑問が湧いてくる。

アサマイチモンジも、ヒカゲチョウも、日本特産の蝶である。この二種の蝶が、わが家の近くの、小さい森のなかに棲んでいる。これは、私にとっては、おおきなよろこびであるが、わが町にとっても、貴重な宝物といえる。しかし、町民のかたがたに、それが貴重な宝物であることを認識してもらうためには、それなりの理屈が必要である。そこでもう一度、この二種の蝶が、日本に存在することの意味と価値を、あらためて考えなおしてみることにした。そして、その考察結果を、本書に記録しておきたい、と思う。もしかしたら、町民のどなたかが、読んでくださるかもしれないから。一般の読者のみなさんも、つきあっていただければ、ありがたい。

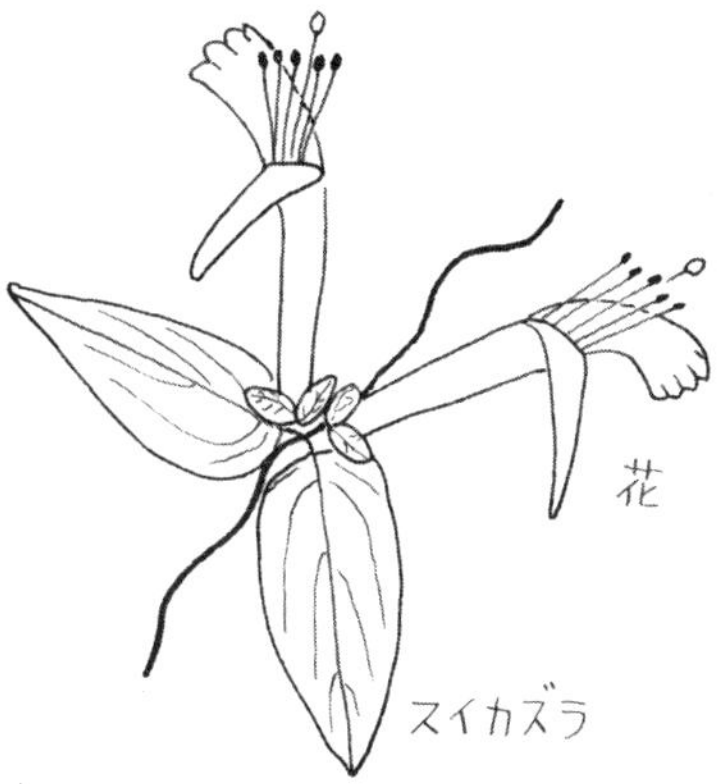

図63　イチモンジチョウの餌植物

ヒカゲチョウ　―他国に親戚がいない―

日本の笹

ヒカゲチョウの幼虫は笹の葉を食べる。ヒカゲチョウの保護を考えるためには、まず、笹の実態を認識することから、はじめなければならい。

東北地方の太平洋側、低山里山の雑木林は、下層植生にスズタケ、ミヤコザサ（ともにササ属）、あるいはアズマネザサ（メダケ属）の群落がみられる。さらに奥山に入るとブナの森となり、下層植生はチマキザサ（クマイザサ）から高い山ではチシマザサ（根曲がり竹）（ともにササ属）の群落へと変化していく。

ササ属 *Sasa* は、中国中部に自生する背の低い竹（ササモルファ）が、日本に進出し、日本の風土に適応して小型化し、草本的となって誕生した、日本特産の植物群、と私はみている（西口『森と樹と蝶と』）。茎の節から出る枝は一本である。なかでもミヤコザサ *Sasa nipponica* は、節からの枝もなくなり、いっそう草本的なスタイルとなる。そして、日本を代表する植物のひとつとなる。

アズマネザサは、メダケ属 *Pleioblastus* にぞくし、節から出る枝は四～六本もある。つまり、竹の仲間（ふるさとは中国）なのだが、背丈は低く、草本的で、ササ属に似たスタイルとなっている。それで一般的には、笹と認識されている。この本では、「笹」と漢字で書けば、ササ属と、メダケ属アズマネザサの両方を指すことにする。

笹は、森と結びついている。しかし、光を欲しがる植物だから、暗い

図64　ヒメキマダラヒカゲはブナ林を指標する蝶（西吾妻山 グラン・デコ、M. Takahashi 撮影）

（注）日本のジャノメチョウ科は、全部で二八種存在するが、ほとんどの種はススキやシバなどのイネ科と、スゲなどのカヤツリグサ科の植物を食餌にしている。つまり、草原の国・中国をふるさとにする蝶群である。

林内では生きていけない。笹は、森林植物とはいいがたいが、純然たる草原にも出てこない。笹がもっとも好む場所は、林縁か、林内の草地である。笹はなぜ、森から離れようとしないのか。笹はなにも語らないから、私が笹の気持ちになって考えてみた。そして、つぎのような推理を立ててみた。

純然たる草原はイネ科草の世界である。そのイネ草は、笹にとっては、どうも、つきあいにくい相手のようだ（私にはその理由がわからない）。一方、林縁にはイネ草が少ない。イネ草は、日陰になる森のまわりが気に入らないのではないか。だから林縁には、あまりイネ草が入ってこない。それは、イネ草嫌いの笹にとっては、好都合だった。林縁は、笹のお気に入りの場所となった。

そんな林縁に生息し、生活スタイルを笹の生活スタイルに適合させた蝶がいる。林縁あるいは林内草地に棲み、笹を唯一の食餌にしている。つまり、笹に一族の運命を託した蝶たちである。ジャノメチョウ科のなかでは、ヒカゲチョウ、サトキマダラヒカゲ、ヤマキマダラヒカゲ、ヒメキマダラヒカゲ、クロヒカゲの五種が、それである。笹は日本列島特産の植物群だから、笹を食餌にした、これらの蝶たちも、日本列島特産の蝶となった。唯一の例外はクロヒカゲだけである。（注）

ヒカゲチョウの矛盾生活

縄文遺跡の森のなかで、ヒカゲチョウの群れに出会ったのは、暗くて、いくらか湿った歩道の上であった。頭上は、コナラ、ヤマザクラ、オニグルミ、ヤマグワ、アカマツの高木が太い枝を張り出し、日光をさえぎっている。歩道の両側は、背の高いアズマネザサの群落で覆われ、歩道を暗くしている。この笹群落が、ヒカゲチョウの繁殖の場になっていることは、まちがいない。

ヒカゲチョウは、餌植物として笹を選択している。笹は本来、林縁の植物で、暗い森の植物ではない。なのにヒカゲチョウは、暗い森のなかで生活したがっている。これは矛盾した要求ではないか。ヒカゲチョウは、どうして、こんな矛盾生活をしているのだろうか。これでは、一族の発展は期待できないのではないか。

ヒカゲチョウのことをしらべていて、こんな疑問が湧いてきた。考えてみれば、縄紋遺跡の森の姿も、すこし変である。七ヶ浜の海岸近くは、自然条件下では、タブノキ、ウラジロガシ、シロダモの森（照葉樹林）だった、と思う。現在は、コナラ、ヤマザクラ、ヤマグワなどの落葉高木とアカマツが林冠を支配している。オニグルミが多いのは、植えたものだろう。林床にはアズマネザサが繁茂しているが、笹はもともと、明るい場所に出てくる陽性の植物で、照葉樹林の植物ではない。

この森は、かつての照葉樹林が伐採された跡地にできた、二次林ではないかと思う。この森は、植生遷移の途中にある。主木のコナラ、ヤマザクラ、アカマツが成熟して、森が暗くなれば、その下にはウラジロガシ、タブノキ、シロダモなどの常緑広葉樹が成長してきて、もとの照葉樹林に戻っていくことだろう。そうなると、林内はますます暗くなっていく。ヒカゲチョウは喜ぶかもしれないが、アズマネザサも枯れてしまうから、結局、ヒカゲチョウも食餌を失うことになる。

もっとも、アズマネザサは、森の外縁部で群落を形成するだろうから、ヒカゲチョウもまた、林縁に出てきて、生活することになるだろう。しかし、そうなれば、ヒカゲチョウが、ヒカゲチョウにとって、不都合なことがおきるおそれがある。ヒカゲチョウが、暗い林内に隠れているのは、あるものを恐れているからではないか。それは、クロヒカゲではないか、と私はみている。

ヒカゲチョウが、大陸から日本にやってきたときは、矛盾生活はなかった。矛盾生活の始まりは、あとから、進化したクロヒカゲが日本にやってきたことに原因がある。ヒカゲチョウは、クロヒカゲを恐れて、暗い森のなかに逃げこんでしまったのでないか、と思う。

ヒカゲチョウ対クロヒカゲ

ヒカゲチョウ *Lethe cicelis* は、宮城県全域に分布しているが、全国的にみると、連続分布は、西は四国・九州北部まで、東は関東から福島・宮城とつづき、宮城県中部の海岸域が連続分布の北限になっている。どうやら七ヶ浜は、その連続分布の北限あたりになるらしい。山形・岩手以北の東北では、分布はごく散発的となる。これは、ヒカゲチョウの生息北限が照葉樹林の分布北限と、ほぼ一致することを示している。ヒカゲチョウは、もともと暖温帯・照葉樹林帯の蝶といえる。

クロヒカゲ *Lethe diana* は、容姿がヒカゲチョウによく似ている。東北地方では里山の雑木林から奥山のブナの森まで、ごくふつうにみられる。もっとも身近な蝶のひとつである。餌植物は、メダケ、アズマネザサ、ミヤコザサ、クマイザサ、チシマザサ、ヤダケ、マダケ、などで、食性はヒカゲチョウと異ならないが、分布は、日本（北海道・本州・四国・九州）のほか、サハリン、中国、朝鮮半島まで広がっている。ヒカゲチョウにくらべると、より北方系で、冷温帯・落葉広葉樹林帯の蝶といえる。クロヒカゲは、ヒカゲチョウよりいくらか小型であるが、飛び方ははるかに敏捷《びんしょう》である。ヒカゲチョウより、ずっと進化した蝶と推察できる。ヒカゲチョウが恐れているのも、うなずける。

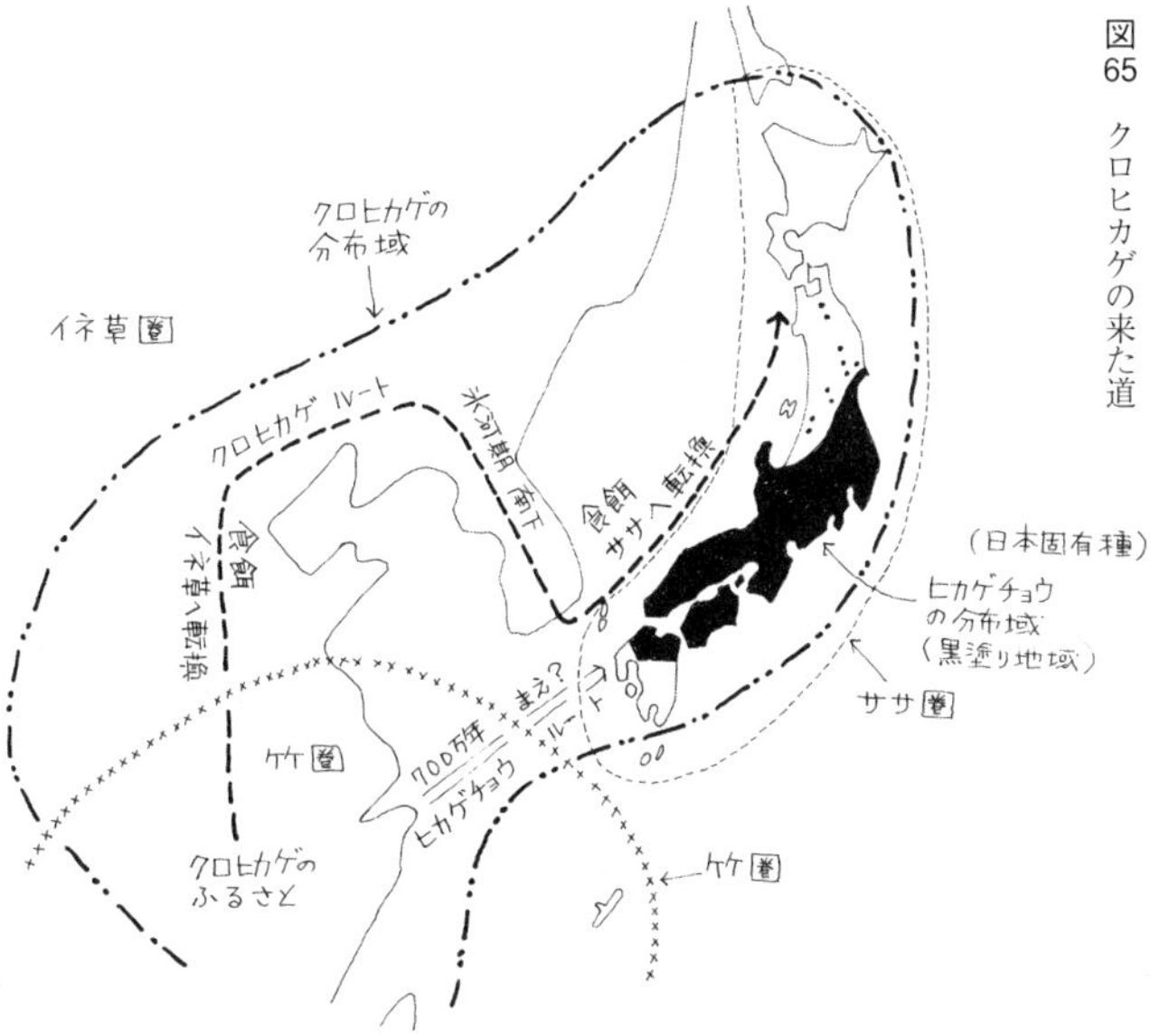

図65　クロヒカゲの来た道

ヒカゲチョウの先祖は、むかし、中国大陸に棲んでいたと思う。その一部が、かなり古い時代、いまから七〇〇万年ほどまえか、あるいはそれ以前に、東シナ海が陸つづきであったころ、そのルートをとおって日本本土に入ってきた、と私は考えている。

一方、大陸に残っていたヒカゲチョウの母集団は、その後に現われた「進化したヒカゲチョウ」に、攻撃され、滅ぼされてしまったのではないか。その進化したヒカゲチョウとは、クロヒカゲではないのか。私はそう、疑っている。

クロヒカゲが、ヒカゲチョウを滅ぼし、中国大陸を支配したとき、東シナ海はすでに海となっていた。だから、クロヒカゲは、日本にまで侵攻することはできなかった。クロヒカゲは、ずっと遅れて、ごく最近になって、おそらく氷河時代の後期（数万年から十数年まえ）に、朝鮮半島経由で日本列島に入ってきたのではないか、と思う。クロヒカゲは、大陸個体群と日本個体群のあいだに形態上の差異がない（別亜種化していない）。そのことから、日本に入ってきたのは、ごく最近のこと、と推察できるのである。

クロヒカゲは、中国大陸では、竹を食餌にしている。『浙江蝶類誌』にはクロヒカゲの餌植物として、「剛竹」が記録されている。剛竹とはマダケ *Phyllostachys bambusoides* のことである。マダケは、中国の中央部、長江から黄河あたりにかけて、広く自生している竹である。クロヒカゲは、やがて、中国東北部から朝鮮半島北部に進出するが、その地域には竹はない。クロヒカゲはそこで、食餌を竹からイネ科草に転換したのではないか、と私は考えている。

やがて氷河期がやってくる。中国東北部のクロヒカゲ群は、朝鮮半島経由で日本に南下してくる。そして、日本にきて、食餌をまた、イネ科草から竹や笹に戻す。クロヒカゲには、食餌を転換していくバイタリティーがある。それだけ、進化の進んでいることがうかがえる。

ヒカゲチョウとクロヒカゲは、餌植物がおなじである。だから両者は共存できそうにない。クロヒカゲは、あとから日本にやって来て、また、ヒカゲチョウの領分を侵しつつあるのではないか、と心配する。ただひとつ、救いもある。朝鮮半島をとおってきたクロヒカゲは、比較的北方の、寒い落葉広葉樹林のほうが好きのようで、むしろ南方の、暖かい森を好むヒカゲチョウとは、生活の重ならない地域が存在するはずである。

そんな場所では、ヒカゲチョウも生きていけるだろう。そんな場所は照葉樹林帯にある。照葉樹林帯に残っている自然の森とアズマネザサ群落を共存させて守ることが、ヒカゲチョウを守ることにつながる。七ヶ浜の大木囲《だいぎかこい》縄文遺跡の森も、そんな場所のひとつ、といえる。

イチモンジチョウとアサマイチモンジ ―原始的な兄弟蝶―

隔離分布の意味

イチモンジチョウは、学名を *Limenitis camilla*、アサマイチモンジは *L. glorifica* という。研究者によっては、イチモンジチョウ属 *Limenitis* を、① オオイチモンジ属 *Limenitis*（食餌はヤナギ科ポプラ属）と、② イチモンジ属 *Ladoga*（餌植物はスイカズラ科スイカズラ属とタニウツギ属）に、二分することもある。幼虫の形態もかなり異なるので、二属に細分するほうが、合理的かと私は思う。とすれば、イチモンジチョウの学名は *Ladoga camilla* ということになる。

イチモンジチョウは中国、ヨーロッパにも分布するが、アサマイチモンジは日本特産の蝶である。そのいきさつを、私は、前著『森と樹と蝶と』のなかで、つぎのように推理している。

「アサマイチモンジの先祖は、おおむかし、スイカズラ王国・中国の西部を中心に、日本の温帯域にまで分布を広げ、ゆうゆうと生活していた。ところが、進化したイチモンジチョウ（ミスジ型）の出現でふるさとを追われ、日本という隔離列島で、なんとか生き残ることができた」と。

いまは、私の考えは、ちょっとちがう。アサマイチモンジを大陸から駆逐したのは、ミスジ型（進化型）のイチモンジチョウではなく、弟のイチモンジチョウではなかったかと、疑っている。イチモンジチョウは、アサマイチモンジより遅くれて誕生してくるが、両者は、形態も食性も、よく似ている。イチモンジチョウは、アサマイチモンジの弟なのである。だから、アサマイチモンジの追放劇は、兄弟喧嘩ともいえる。そして、兄のアサマイチモンジは、東シナ海経由で日本本土に逃げてくる。時代は、いまから七〇〇万年ほどまえ、と私はみている。

弟のイチモンジチョウは、いったん、中国大陸を広く支配するが、今度は、新しく誕生してきたミスジ型（進化型）のイチモンジチョウに追われることになる。

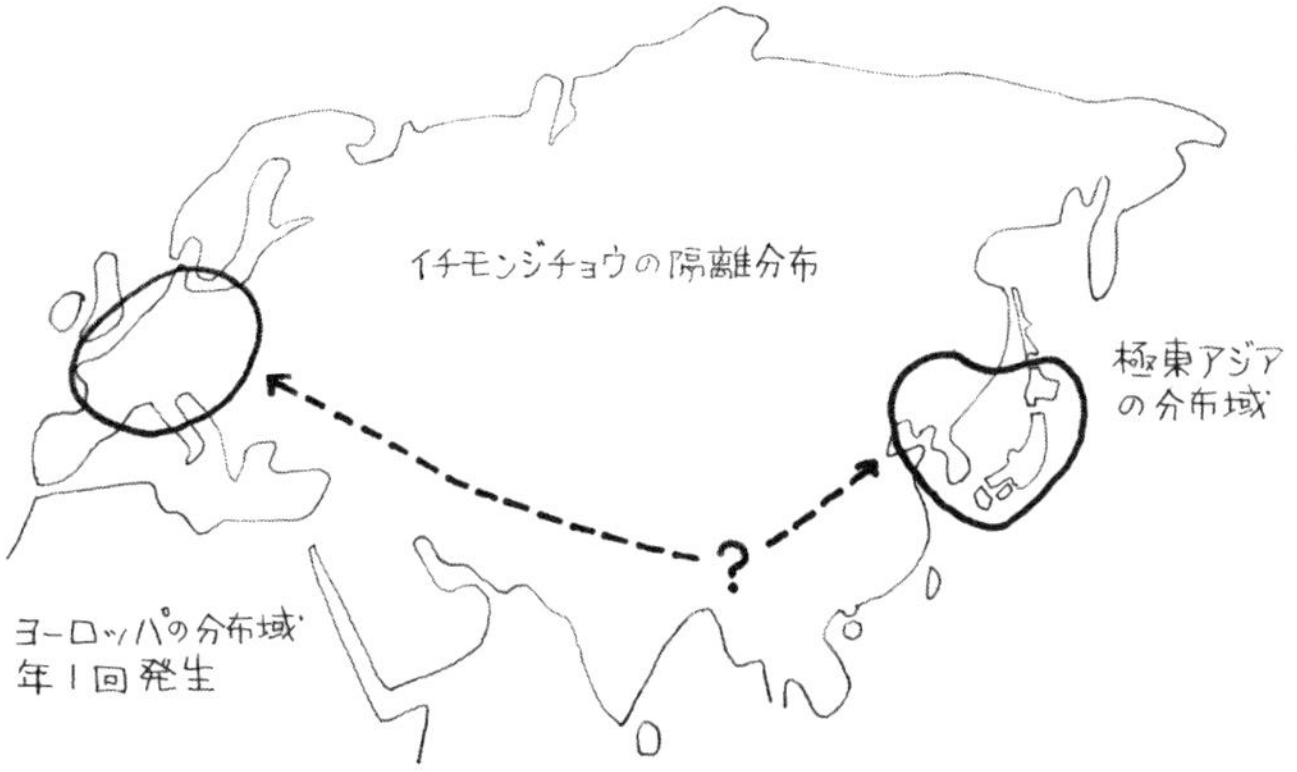

図66　ユーラシア大陸におけるイチモンジチョウの隔離分布

イチモンジチョウの現在の分布域をしらべてみると、日本付近では、北海道から本州・四国・九州までと、朝鮮半島から中国東北部におよんでいる。また、ヨーロッパの中央部にも生息している。私は最初、イチモンジチョウは、ユーラシア大陸に広く分布している、バイタリティーのある生きもの、と思っていたのだが、よくしらべてみると、広大なシベリアや中央アジアには分布していない。その分布図を描いてみると、ユーラシア大陸の東の端と西の端に隔離分布している（図66）。これは、あるものに追われ追われて、逃げていることを暗示する。

イチモンジチョウも、アサマイチモンジとおなじように、いま逃亡生活を味わっているのではないかと思う。では現在、イチモンジチョウを追っている蝶とは、なにものなのか。私は、『森と樹と蝶と』のなかで、つぎのような推測を述べている。

「イチモンジチョウを、中国大陸の西南部から駆逐した、進化型（ミスジ型）のイチモンジチョウとは、どんな蝶なのだろうか。それは、現在、中国西南部で多彩な発展をとげているヤエヤマイチモンジ群（*Athyma* 属）ではないか。しかし、ヤエヤマイチモンジの仲間は、アカネ科のコンロンカやアカミズキを食餌にしているから、イチモンジチョウとは、直接、競争関係になることはない。問題の

図67　アサマイチモンジ

図68　イチモンジチョウ

図69　ミスジ型

蝶は、スイカズラ属を食餌にしているはずである。それがなにものか、私には、わからない。」

前著で疑問を残したこの問題を、ここでもう一度、考えなおしてみたい。イチモンジチョウを中国の東北部にまで追いやった進化蝶は、現在も、中国中・南部に生きているにちがいない。そう考えて、『浙江蝶類誌』をしらべてみた。*Limenitis* 属（イチモンジ属）五種、*Athyma* 属（ヤエヤマイチモンジ属）九種の記載があった。これらのうち、スイカズラ属 *Lonicera* か、タニウツギ属 *Weigela*（ともに日本のイチモンジチョウの食樹）を食餌にしているのは *Limenitis*（*Ladoga*）属の四種だけだった。そのうち三種は、タニウツギ属を食餌にしており、中国の西部や北西部でひっそりと生きている。中国東北部に生息するイチモンジチョウを圧迫しているようにはみえない。

残る一種は、*Limenitis*（*Ladoga*）*sulpitia* という蝶で、これは、スイカズラ属とタニウツギ属の両方を食餌にしている。まさに、イチモンジチョウとおなじ植物を餌にしている。図鑑の写真をみると、後羽に二本の白帯がある。これは、ミスジ型（進化型）の蝶であることを示している。この蝶の分布域をしらべてみると、中国中・西・南部からインドシナ半島まで、かなり広く勢力を張っている。そして、分布域の北端はイ

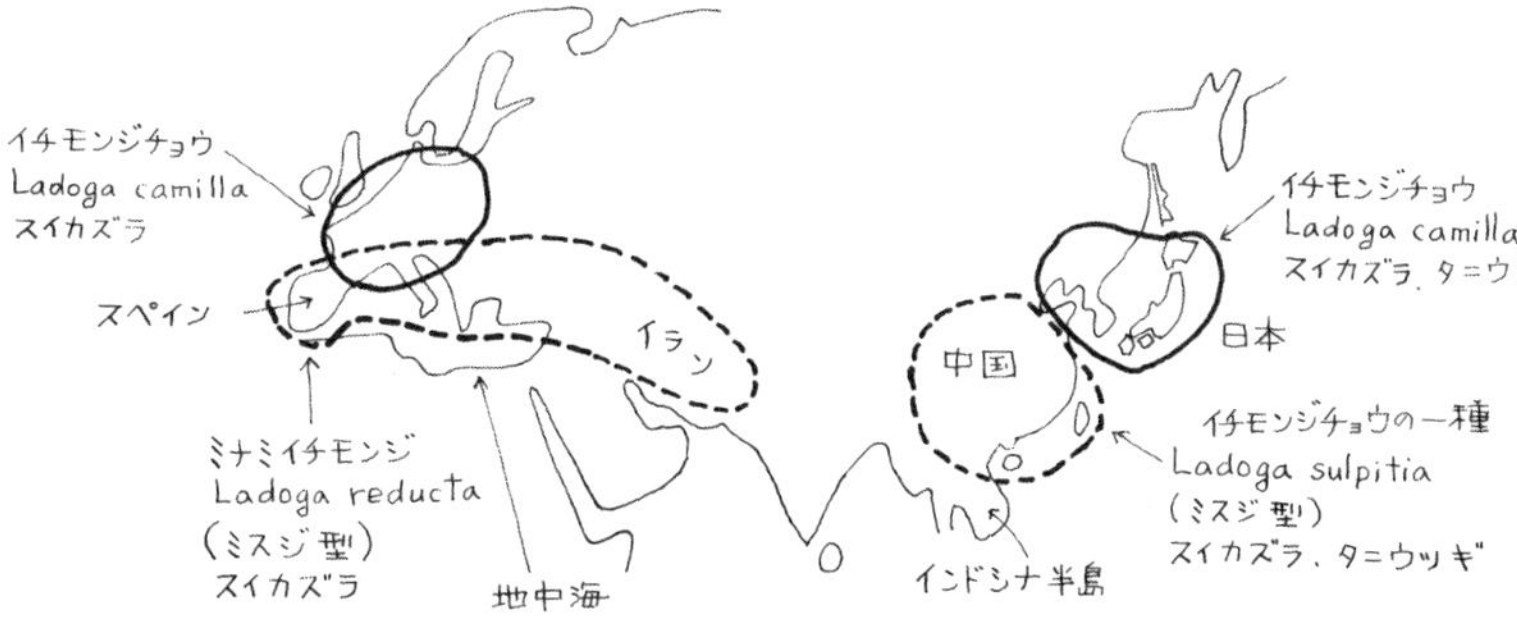

図70　イチモンジチョウを追い上げる進化型イチモンジチョウ

チモンジチョウの分布域と接しており、イチモンジチョウを南から追い上げている様子がうかがえる（図70）。イチモンジチョウを駆逐した問題の進化型の蝶は、これにちがいない。私はいま、そう確信した。前著では、犯人像は白い霧のなかに、ぼんやり浮かんでいるだけであったが、いま、その顔がみえてきた。犯人は、*Athyma*属の蝶ではなく、イチモンジチョウとおなじ属（*Ladoga*）の蝶であった。

ヨーロッパの場合　―ミナミイチモンジ―

では、ヨーロッパの場合は、どうなっているのだろうか。ヨーロッパの蝶蛾図鑑をしらべてみると、イチモンジチョウ*Ladoga camilla*の近縁種として、ミナミイチモンジ*Ladoga reducta*という蝶が存在していた。分布域は、南ヨーロッパ（スペイン、地中海沿岸）からコーカサスをへてイランまで広がっている。その分布図を描いてみると、やはり、イチモンジチョウの分布域を南から追い上げているようにみえる（図70）。そして、興味あることに、蝶蛾図鑑には「ミナミイチモンジの後羽には、イチモンジチョウとは異なって、二本の白帯がある」と書いてあった。ミナミイチモンジも、ミスジ型、進化型の蝶だった。

イチモンジチョウがいま、ユーラシア大陸の、東と西の端に隔離分布しているのは、まさに、進化型イチモンジチョウに追いつめられている姿だった。

仲良く日本生活をエンジョイしてください

イチモンジチョウの生態をしらべていて、奇妙なことに気づいた。それは、イチモンジチョウの年発生回数である。ヨーロッパの蝶蛾図鑑には年一回の発生とあり、中国の蝶類図鑑でも、年一回の発生、とある。中国では、イチモンジチョウは東北部に生息しており、そこは寒冷な地域だから、年一回の発生も当然、といえる。ヨーロッパのイチモンジチョウは、中部を生息中心地にしているから、日本にくらべると、寒く、やはり年一回も当然、にみえる。

ところが、日本の蝶類図鑑をしらべてみると、イチモンジチョウの発生は年二~四回とある。暖かい日本だから、ふしぎなことではないが、私は、そのことから、別の意味を読み取る。つまり、ユーラシア大陸のイチモンジチョウは、年一回しか発生できないような、寒冷地に追いこまれているのに、日本列島では、年に二回も三回も発生できる、暖かい

図71　日本と周辺国におけるイチモンジチョウとアサマイチモンジの分布

場所で生活している。日本は、周囲を海で囲まれていて、イチモンジチョウの生活を圧迫する進化型の蝶は侵入していない。それに、餌となるスイカズラ属やタニウツギ属は、いたるところにあって、餌不足に悩まされる心配もない。日本は、イチモンジチョウにとっては、天国なのかもしれない。そう気がついて、私は、イチモンジチョウに、祝福のエールを送ってあげたい気持ちになった。

しかし、心配なことがひとつある。ヒカゲチョウに対するクロヒカゲのように、イチモンジチョウは、アサマイチモンジの生活を圧迫しないか、という心配である。イチモンジチョウは、過去に、ふるさとの中国大陸で、アサマイチモンジと喧嘩し、これを駆逐したうたがいがある。イチモンジチョウは、アサマイチモンジよりかなり遅れて、氷河期に、朝鮮半島経由で日本にやってきた。そこでまた、アサマイチモンジと再会する。

いまのところ、イチモンジチョウは、アサマイチモンジに圧力を加えているようでもない。地域によっては、アサマイチモンジのほうが優位を保っている。しかし、油断はならない。私は、イチモンジチョウに言いたい。日本にきて、自由な、ゆたかな生活を楽しむことは、われわれも歓迎するが、アサマイチモンジと喧嘩することがないよう、仲良く生活してもらいたい。あなたがたは、兄弟なのだから。

一方、われわれ住民も、気を配らなければならないことが、ひとつある。それは、イチモンジチョウたちの餌植物・スイカズラを駆逐しないよう、注意すること。生垣を荒らすからといって、嫌わないこと、である。スイカズラが減ってしまうと、イチモンジチョウとアサマイチモンジの兄弟喧嘩を引きおこす原因になりかねない。食べ物のうらみは、こわいから。

山と高原の旅から

図72　カラスアゲハ（福島・県民の森、M. Takahashi 撮影）カラー口絵㉔参照

9章　カラスアゲハの魅力
―日本への旅の道程を推理する―

ミヤマカラスアゲハを飼育する

夏のある日、わが家のまえの道路上に、大きな、黒い蝶の死骸が落ちていた。羽を広げてみると、金緑色に輝いている。死んでも美しいカラスアゲハであった。この蝶は、わが町の、どこで、なにを食べて、育ってきたのだろうか。以前は、カラスアゲハなんて見むきもしなかったのだが、最近は、わが隣人たち（蝶や蛾）のすみ家が気になるのである。

森林教室の受講生が撮った蝶の写真をしらべていたら、ヤマユリの花で吸蜜しているカラスアゲハの写真があった。撮影場所は「福島県民の森」とあった。ここは、安達太良《あだたら》山麓にあり、植生的にはブナ帯に入るから、この蝶は、カラスアゲハではなく、ミヤマカラスアゲハだろうと思った。

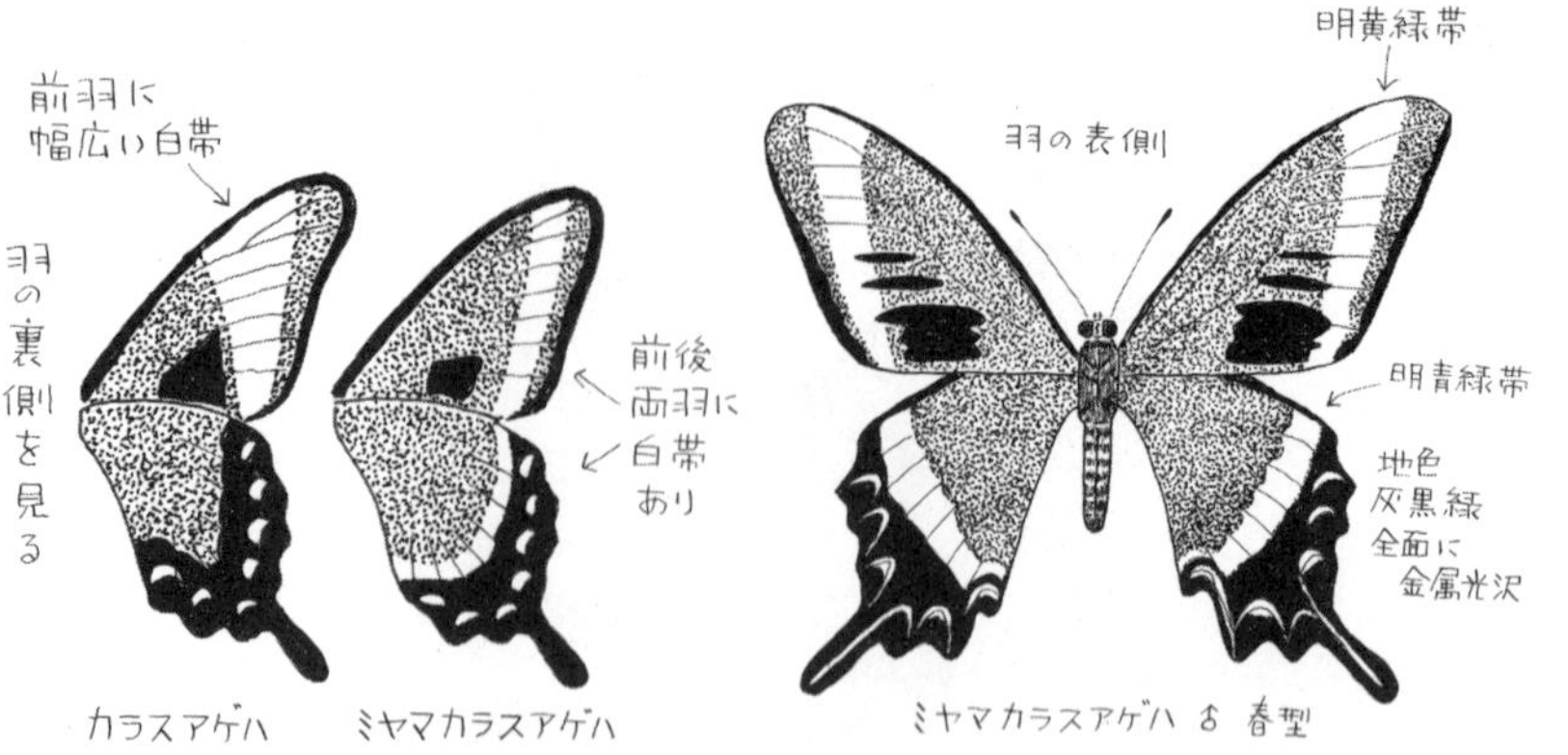

図73　カラスアゲハとミヤマカラスアゲハの見分け方

松香宏隆『蝶』（PHP研究所）によると、カラスアゲハは、山地の樹林帯から低地や海岸ぞいに普遍的にみられるが、ミヤマカラスアゲハはより山間部に棲むとある。だから、ブナ帯の森であればミヤマカラスアゲハと思ったのだが、じつは私は、カラスアゲハとミヤマカラスアゲハのちがいを、しっかり認識していたわけではなかった。そこで小学館『日本のチョウ』をしらべてみた。両者の見分け方が載っていた。羽の裏側の白帯がポイントで、ミヤマカラスアゲは前羽にも後羽にも白帯（やや細め）があるのに、カラスアゲハは後羽に白帯がない、とあった（図73）。福島県民の森で撮った写真の蝶には、後羽裏側に白帯がなかった。ふつうのカラスアゲハであった。

かつて勤務していた宮城県鳴子町の東北大学農場でも、カラスアゲハの飛翔をよくみかけた。たしか採集して標本にした記憶がある。ミヤマカラスアゲハかどうか、気になって、標本箱をしらべてみた。一頭あった。後羽裏側に白帯がなかった。これも、ふつうのカラスアゲハだった。

平成十六年七月下旬、われわれ森林教室の一行は、福島県・西吾妻連峰の北西斜面にあるグラン・デコ（標高約一三〇〇メートル）の湿原地帯とブナの森を散策してきた。ちょうどヨツバヒヨドリの大群落が花ざかりで、それにアサギマダラが乱舞していた。こんなにアサギマダラの

（注）そのあと、NHK総合テレビで、北海道の函館山でアサギマダラの大発生を報道していた。地元の昆虫クラブの話によると、例年は一～二匹を見かけるていどなのに、今年は異常だと話していた。平成十六年は、六、七月に暑い日がつづき、日本の南西地域でアサギマダラが大発生し、それが、七、八月に多発した台風に乗って、東北や道南の山にやってきたのだ、と私は考えている。

図74　アサギマダラ（西吾妻、K. Soneda 撮影）
カラー口絵㉕参照

群飛をみたのは、はじめてだった。（注）

ブナの森の道ぞいで、若いキハダの葉に静止しているアゲハチョウの幼虫をみつけた。胸部第三環節が肥大し、その側面に顕著な眼状紋がついている。アゲハチョウ類の幼虫のスタイルをしているが、サンショウの木でよくみかけるアゲハチョウにくらべると、眼状紋は小さく、体の色彩も淡い緑色で、それほど毒どくしさがない。場所と標高から、ミヤマカラスアゲハと見当をつけたが、自信はなかった。写真マニアのTさんが写真を撮ってくれた。私は、幼虫をキハダの枝葉ごと採って、家にもち帰り、飼育してみた。

保育社『原色日本蝶類幼虫図鑑Ⅱ』をしらべてみると、幼虫の胸部背面に白い斑点がないこと、胸部側面の黄白帯が腹部第一環節の背面にまで伸びて左右つながっていることで、ミヤマカラスアゲハらしい、と推測できた。

幼虫は、最初の二、三日は、葉をもりもり食べ、食べつくしてしまうのではないか、と心配したが、やがて食べることを止め、飼育容器のなかを、上ったり下りたり、ただせわしなく歩きまわるようになった。蛹化《ようか》する場所を探しているらしい。そこで、大きめの容器にとり替え、そのなかに丸箸を二本立てておいたところ、翌日には、幼虫は箸に静止

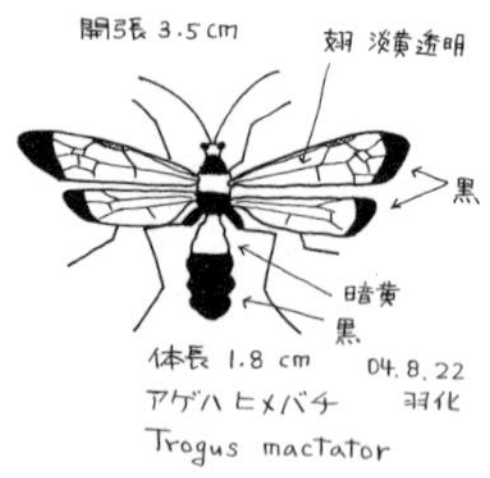

図75　天敵寄生蜂アゲハヒメバチ

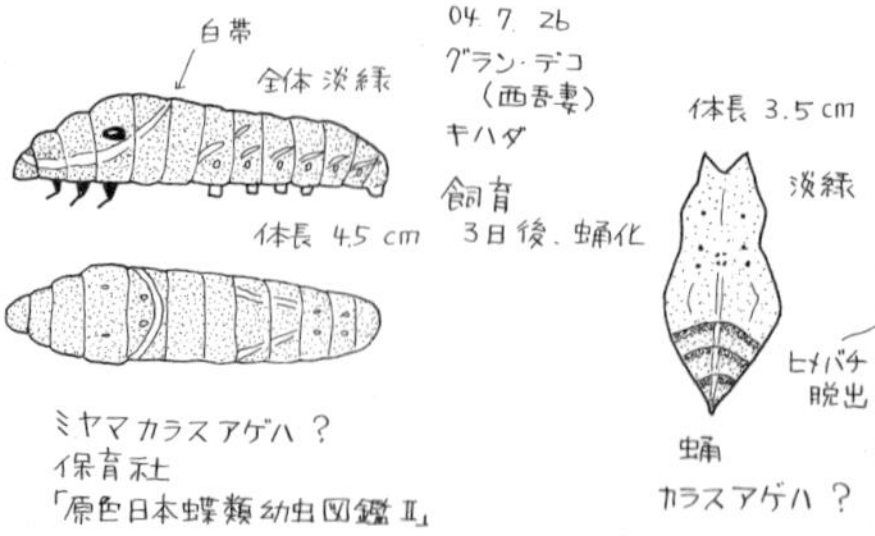

図76　ミヤマカラスアゲハの幼虫と蛹

し、尾端を糸で定着させ、それから二、三日すると、だんだん小さくなって、いつしか、淡い緑色の蛹になっていた。

　蛹の頭部には一対の角状突起があった。前述の蝶類幼虫図鑑によると、突起の先端が左右に開いていればミヤマカラスアゲハ、あまり開いていなければカラスアゲハ、とあった。飼育した蛹の突起は、あまり開いていなかった。ふつうのカラスアゲハであることを示していた。

　この蝶は、カラスアゲハなのか、ミヤマカラスアゲハなのか、わからなくなった。あとは、羽化してくる成虫をみるしかない。成虫の羽化が待たれた。しかし、蝶は羽化してこなかった。そのかわり、体長一・八センチのヒメバチが現われた。蛹には円い穴があいていた。北隆館『原色昆虫大図鑑Ⅲ』でしらべてみると、アゲハヒメバチという種類だった。アゲハ、キアゲハ、ミヤマカラスアゲハの幼虫に寄生し、日本（北海道～九州）のほか、カラフト、シベリアにも分布する、とある。アゲハチョウ類の天敵だった。

　Tさんが撮った幼虫の写真ができ上がってきた。森林教室で、その幼虫の写真をみせながら、キハダの葉をもりもり食べたこと、餌不足を心配したが蛹になってホッとしたこと、その蛹から蝶ではなく蜂が出てきたこと、などを話した。みなさん、おどろいていた。一見、華やかにみえるが、蝶の世界もきびしいことを知った。

カラスアゲハとミヤマカラスアゲハの分布

カラスアゲハの羽が金緑色に輝いている、ということは、この蝶の遠い先祖が熱帯で生活していたことを暗示する。カラスアゲハは南方系の蝶なのである。では、そのふるさとは、どこだろうか。そんな疑問が湧いてきた。そこで、カラスアゲハとミヤマカラスアゲハの日本分布と世界分布をしらべてみた。まず、学研『オルビス学習科学図鑑・昆虫1』を開いてみる。この図鑑は子供むけの本であるが、けっこう、おもしろい情報が得られる。案の定、カラスアゲハとミヤマカラスアゲハの分布図が載っていた。

その図によると、カラスアゲハは、南は南西諸島、北は北海道からサハリン南端まで分布していた。思いのほか、北のほうまで生息していることを知った。大陸では、ほぼ中国の全土をカバーしている。カラスアゲハとミヤマカラスアゲハの分布域は、こまかい点を除けば、ほぼ一致していた。ただし、ミヤマカラスアゲハは南西諸島には生息しない。また、ふしぎなことに、屋久島には、ミヤマカラスアゲハが生息するのに

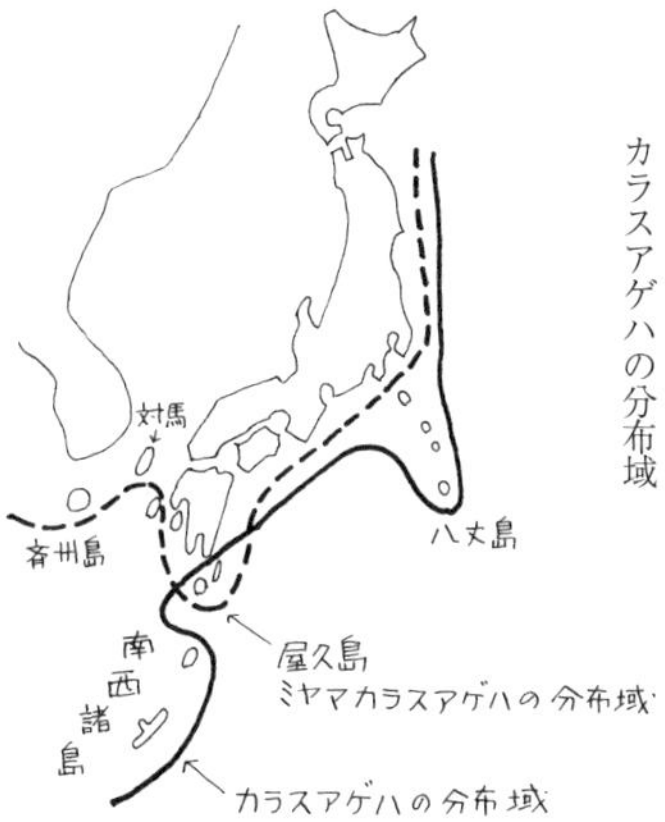

図77　カラスアゲハとミヤマカラスアゲハの分布域

カラスアゲハは生息しない。カラスアゲハは、日本のどこにでもいる、ごくありふれた蝶であるが、おもしろそうな「なぞ」を、いっぱい抱えていることを知った。

カラスアゲハとミヤマカラスアゲハの餌植物

カラスアゲハは南方系の蝶と思っていたのだが、北海道にも生息するとなると、北国では幼虫はどんな植物を食べているのか、気になってきた。カラスアゲハの餌植物がミカン科であることは知っていたが、保育社『原色日本蝶類生態図鑑（Ⅰ）』をしらべてみると、「食樹は地域によって異なるが、その地域においてもっとも利用しやすい樹種を選んでおり、一般的には、北海道や本州高地帯ではキハダ、本州・四国・九州の中標高山間部ではコクサギ、沿岸部の低山地ではカラスザンショウ、南西諸島ではハマセンダンとカラスザンショウを主として利用している」とある。このように書いてくれると、カラスアゲハの食性がみえてくる。

では、ミヤマカラスアゲハはどんな植物を餌にしているのだろうか。前述の学研の図鑑をしらべてみると、主食はキハダで、例外として、対馬・九州南部・屋久島（キハダ不在）ではハマセンダンを食べる、とあ

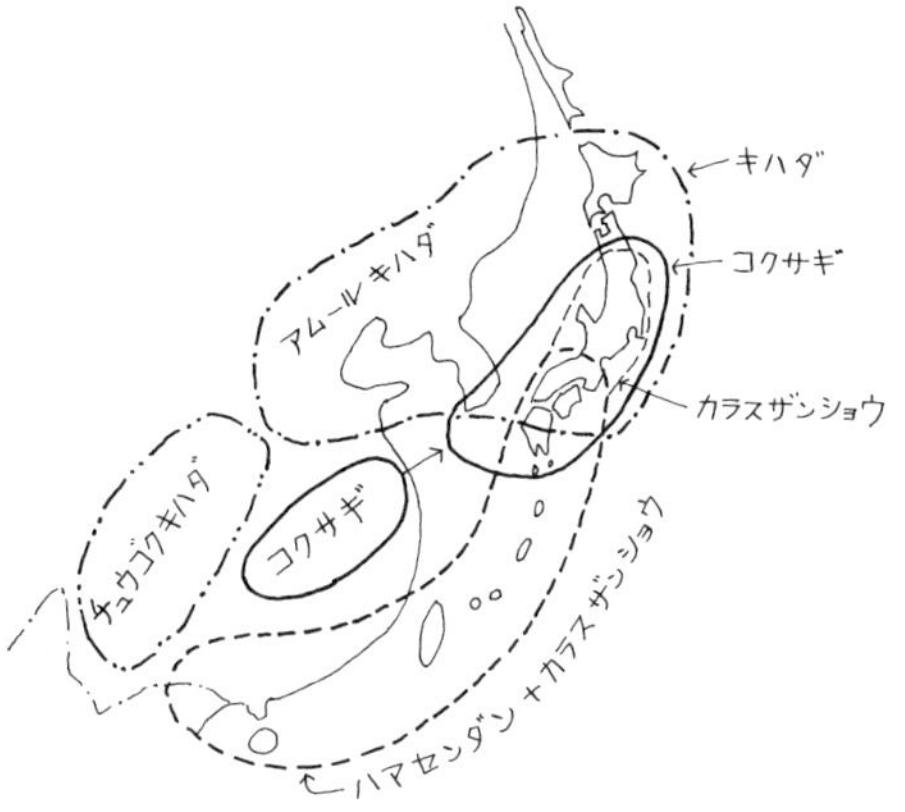

図78　カラスアゲハ類の餌植物の分布

った。また、河北新報社『宮城の昆虫』には「食草はキハダ、カラスザンショウ、コクサギ」と書いてあった。しかし、保育社『原色日本蝶類生態図鑑（Ｉ）』によると、ミヤマカラスアゲハにくらべると、餌植物にたいする選好幅はせまい、とある。つまり、カラスザンショウやコクサギを食べることはあっても、主食はキハダ、ということらしい。

カラスアゲハとミヤマカラスアゲハのことをしらべはじめて、まず気になったのは、両者の食性が微妙に異なることである。つまり、カラスアゲハは場所場所で餌にする樹種を替えているのに、ミヤマカラスアゲハはキハダにこだわっており、キハダの存在しないところ（九州）ではハマセンダンに興味を示めしている。これは、なにを意味するのだろうか。蝶屋さんは、カラスアゲハは餌植物の選択に融通性があり、ミヤマカラスアゲハには融通性がない、ということで納得してしまうが、私は、なぜ、そうなったのか、その理由に、おおいに興味がそそられるのである。そして私のカラスアゲハ物語は、その「なぞ」解きの方向にむいていくことになる。

餌植物についての「なぞ」解きをはじめるまえに、カラスアゲハ・ミヤマカラスアゲハが食餌にしている樹木が、どんな素性の植物なのか、

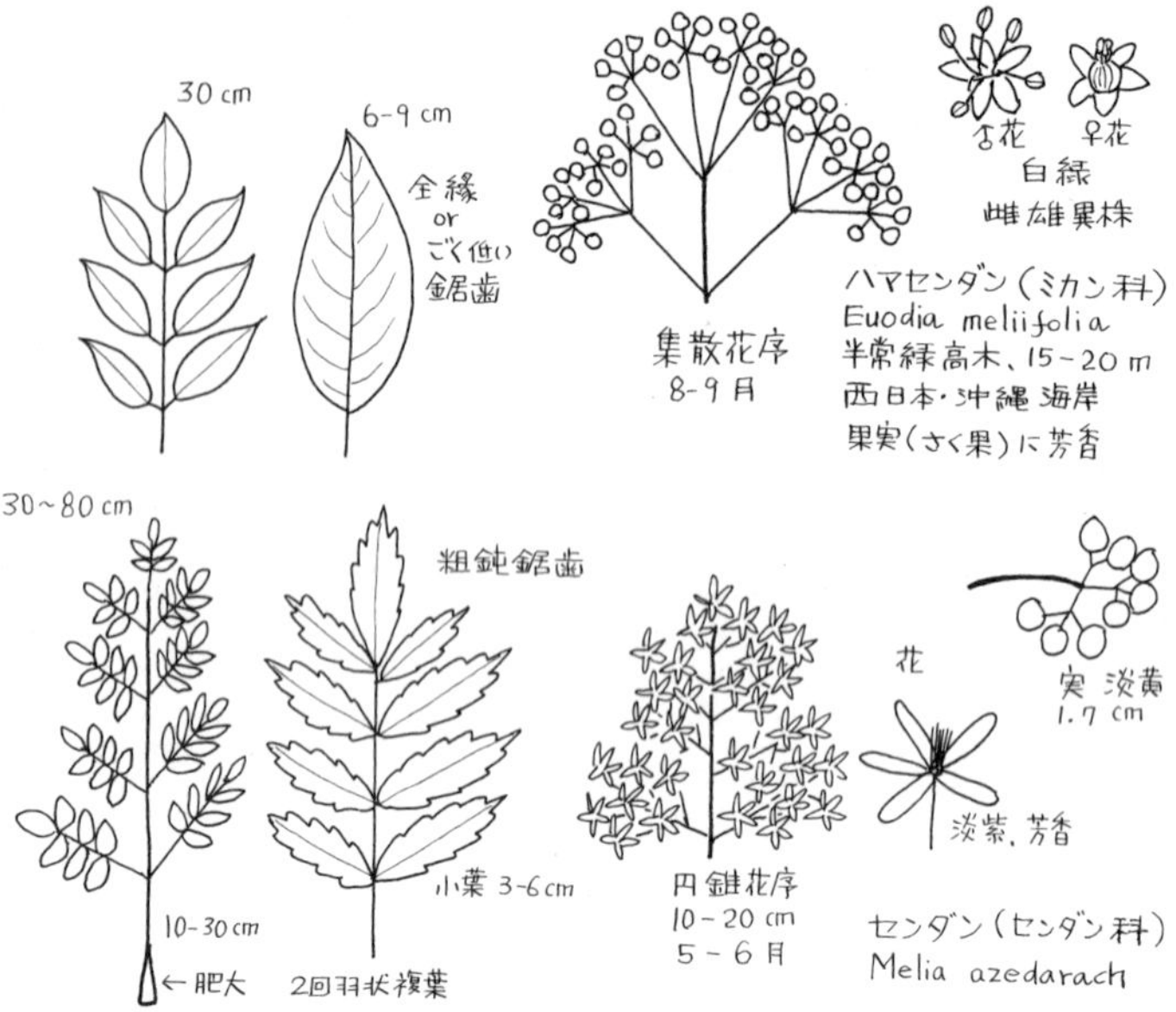

図79 ハマセンダン（上）
図80 センダン（下）
カラスアゲハとミヤマカラスアゲハの餌植物

勉強かたがた、植物図鑑からしらべてみた。

①ハマセンダン *Euodia meliifolia*（ミカン科）半常緑性高木、羽状複葉、樹形・葉形はセンダン（センダン科 *Melia* 属）に似る。夏に白緑の小花を集散花序に群がり咲かせる。暖地の植物で、本州の近畿以西から沖縄にかけての海岸域に分布する。『中国高等植物図鑑』を開いてみると、福建、広東、広西、雲南に分布し、ベトナムにもあり、とある。華南の植物である。

②カラスザンショウ *Zanthoxylum ailanthoides*（ミカン科）落葉性高木、羽状複葉、樹形・葉形はシンジュ（ニガキ科 *Ailanthus* 属）に似る。夏に緑色の小花を集散花序に群がり咲かせる。中国では東南部に広く分布しているらしい。日本では、南西諸島をとおって、本州の東北地方にまで分布を広げている。ハマセンダンにくらべると、かなり北のほうまで進出している。

③コクサギ *Orixa japonica*（ミカン科）落葉性低木、葉は二枚互生（図82）、強烈な臭気（シキミアニン、コ

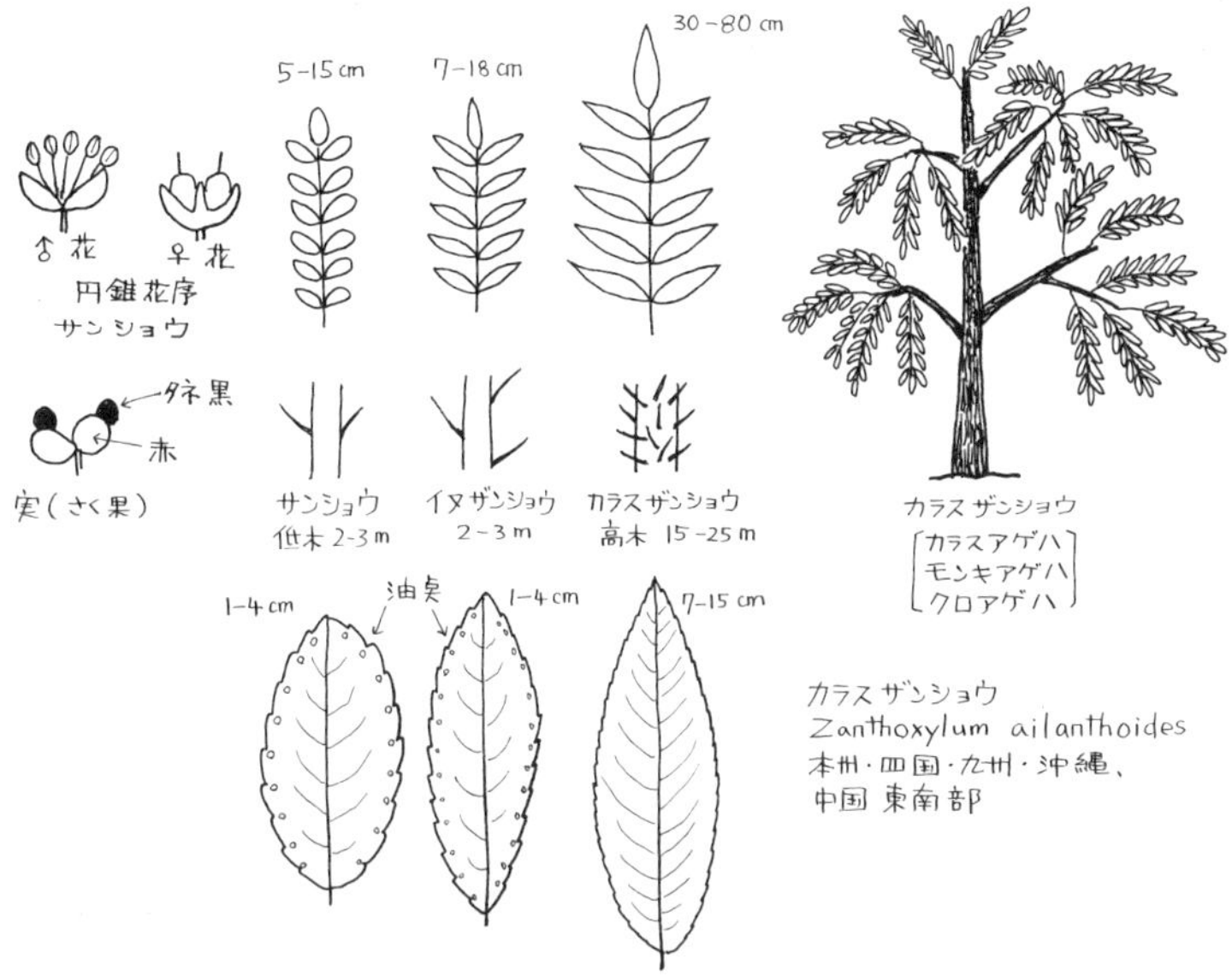

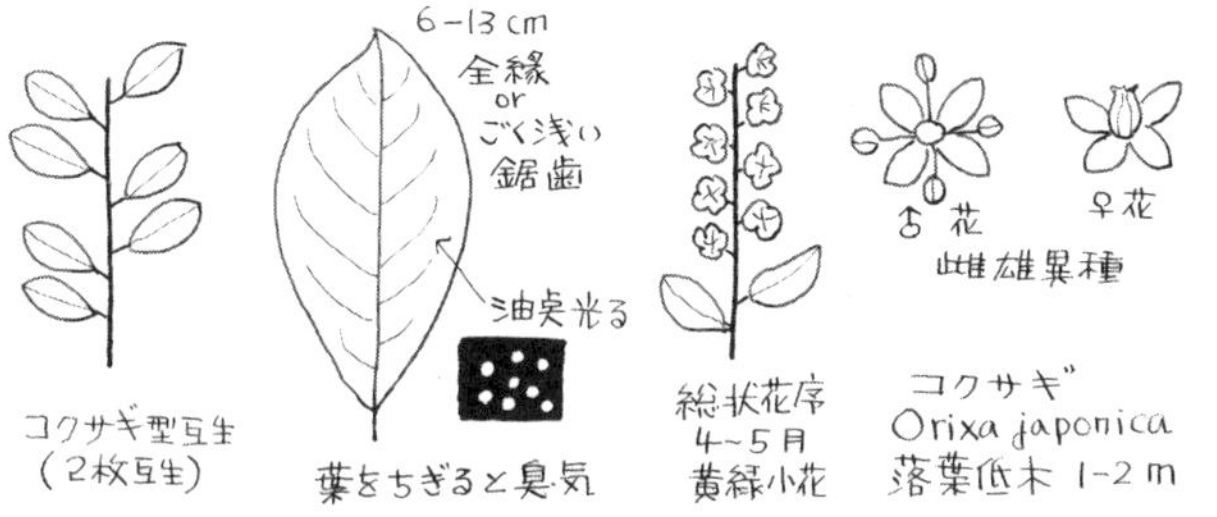

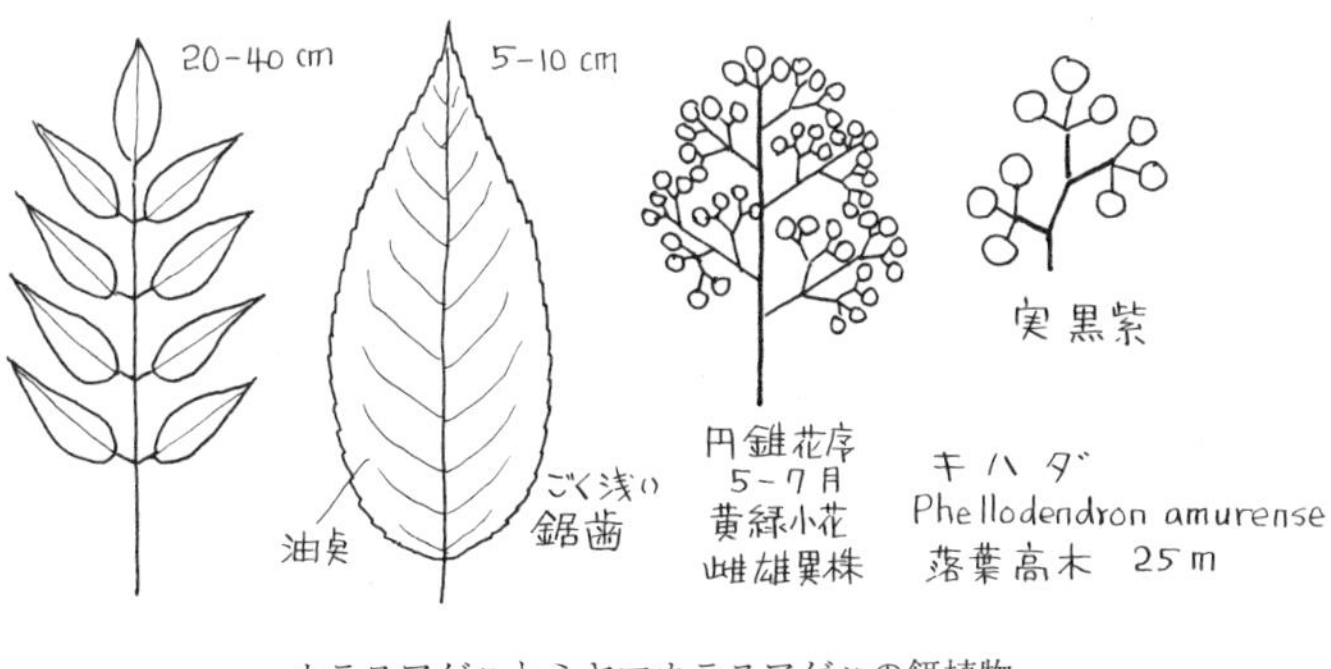

カラスアゲハとミヤマカラスアゲハの餌植物

図81　カラスザンショウ（上）　図82　コクサギ（中）　図83　キハダ（下）

クサギン）がある。本州・四国・九州に分布し、また大陸では、朝鮮半島南部と中国の東部に分布している。しかし、日本の南西諸島にも、中国の南部や東北部にも、分布しない。南方系でも、北方系でもないようだ。

④キハダ *Phellodendron amurense*（ミカン科）落葉性高木、羽状複葉、樹皮は厚く、内皮は黄色で、ベルベリン（アルカロイド）を含み、苦い。この成分は葉にもある。五〜七月に、黄緑色の小花を円錐花序に咲かせる。北海道・本州・四国・九州に分布し、大陸には、朝鮮半島、中国東北部、ロシアのアムールに分布する。

カラスアゲハ一族の発展と分化
—沖縄亜種・奄美亜種の特異性は、なにを語る—

カラスアゲハとミヤマカラスアゲハは、形態も生態も、よく似ている。共通の先祖から生まれた兄弟だと思う。その先祖カラスアゲハのふるさとは、中国南部の低地帯であり、餌植物はハマセンダンであった、と私は思考する。ここが、私の「カラスアゲハ物語」の出発点となる。

カラスアゲハとミヤマカラスアゲハのルーツ探究については、最近、

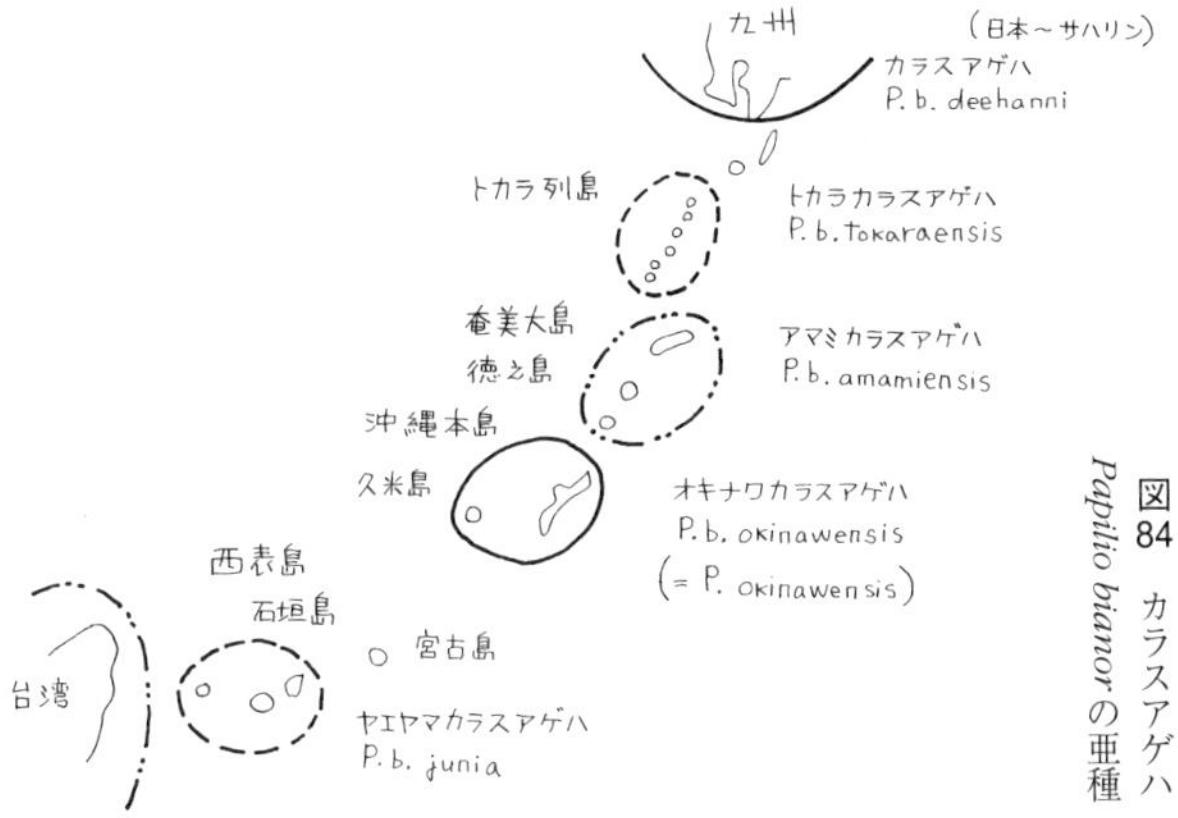

図84　カラスアゲハ *Papilio bianor* の亜種

柳沢通博さんが、大著『ミヤマカラスアゲハ Papilio maackii』のなかで、魅力的な見方をいろいろ提示されている。私がカラスアゲハに魅力を感じたのは、柳沢さんの本を読んでからである。そんな本が出ているなかで、幼稚なカラスアゲハ物語を書くのは、ちょっと気がひけるが、老人の頭の体操、ということで、大目にみてもらいたい。

カラスアゲハは、中国大陸から日本にかけて分布する。そして、地域地域で亜種化が進んでいる。日本産についてみれば、北隆館『原色蝶類検索図鑑』には、①日本本土亜種、②八丈島亜種、③トカラ列島亜種、④奄美亜種、⑤沖縄亜種、⑥八重山亜種の、六亜種が記載されている。一方、保育社『原色日本蝶類生態図鑑（Ⅰ）』では、沖縄亜種を別種（オキナワカラスアゲハ）に独立させ、カラスアゲハの亜種としては①九州以北亜種、②トカラ列島亜種、③八重山諸島亜種、の三亜種に分けている。ただし、この図鑑では奄美産の扱いが不明である。ＰＨＰ研究所『蝶』では、沖縄本島産は奄美亜種に似る、としながらも、沖縄本島産だけを別種（オキナワカラスアゲハ）として独立させている。また、オキナワカラスアゲハはハマセンダンにこだわり、カラスアゲハのように各種ミカン科を食べることはない、とも書いてある。

研究者によって、亜種の考え方にちがいのあることがわかる。亜種問題で、とくに私の興味を引いたのは、「奄美亜種は、沖縄亜種とともに、カラスアゲハ亜種群のなかでは、ひじょうに特異な集団」(『原色蝶類検索図鑑』)、という記述である。それは、なにを意味するのだろうか。

もし、カラスアゲハの日本本土亜種が、台湾から南西諸島を経由して、日本本土に入ってきたとすれば、カラスアゲハ群の南西諸島における変異は、近いものは似て、遠く離れるほど異なるはずである。いわゆるクライン(連続変異)となる。ところが、南西諸島での変異はクライン型変異にはなっていない。沖縄亜種・奄美亜種の形態が、近隣諸島や本土の亜種の形態と、大きく異なる。つまり、非クライン型の変異となっている。それは、沖縄・奄美亜種の南西諸島に入ってきた時代が、ほかの亜種と異なることを示している。

この非クライン型変異を、私はつぎのように解釈している。

大陸の先祖カラスアゲハが南西諸島に入ったのは、いまから一〇〇〇万年ほどまえ、南西諸島が大陸と陸つづきであったころ、と思う。その後まもなく、南西諸島は大陸と切り離され、海のなかの列島となる。とくに、沖縄本島と奄美諸島は、深くて広い海峡で、八重山諸島からも、トカラ列島・九州からも、つよく隔離されることになる。

それから五〇〇万年ほどたって、大陸に進化したカラスアゲハが現われる。進化型カラスアゲハは、八重山諸島には入れたが、沖縄本島には入れなかった。一方、先祖カラスアゲハは、沖縄・奄美に閉じ込められ、その後、独自の発展をとげ、オキナワカラスアゲハに変身する。オキナワカラスアゲハが餌植物をハマセンダンにこだわるのは、大陸の先祖カ

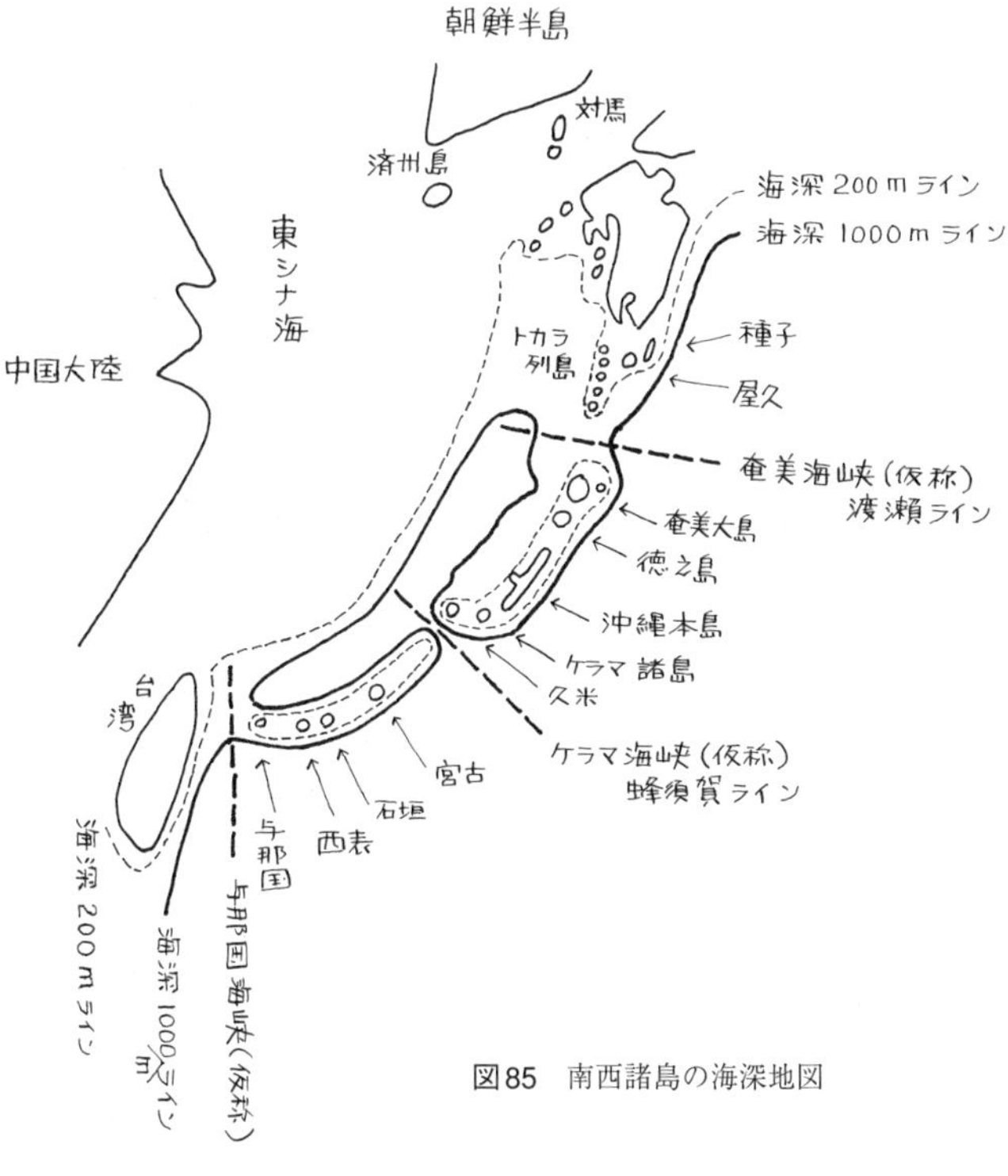

図85　南西諸島の海深地図

ラスアゲハがハマセンダンにたいしてつよい嗜好性をもっていること、そして、その嗜好性を、オキナワカラスアゲハがそのまま受けついでいること、を示しているのではないか、と思う。

カラスアゲハ日本本土亜種の来た道 —中国大陸海岸寄りを北上—

進化型カラスアゲハは、沖縄・奄美諸島をとおっていない、とすれば、カラスアゲハの日本本土亜種は、どのルートをとおって、日本本土にやってきたのだろうか。私は、つぎのように推理する。

中国南部に生活の拠点を置いていた先祖カラスアゲハは、耐寒性を身につけて北上をはじめる。一部のグループは、海岸ぞいに北上する。しかし華中あたりにくると、南方系の植物、ハマセンダンやカラスザンショウはなくなる。カラスアゲハには、食餌としてミカン科の植物が必要である。替わって現われたミカン科はコクサギであった。そこでコクサギに乗り換える。しかし、コクサギには強烈な毒(コクサギン)がある。それに慣れるためには、それそうとうの時間がかかったことだろう。いったんコクサギに適応できると、また、北方へ分布を広げていくことができた。しかし、華北にくると、そのコクサギもなくなる。そこで、第

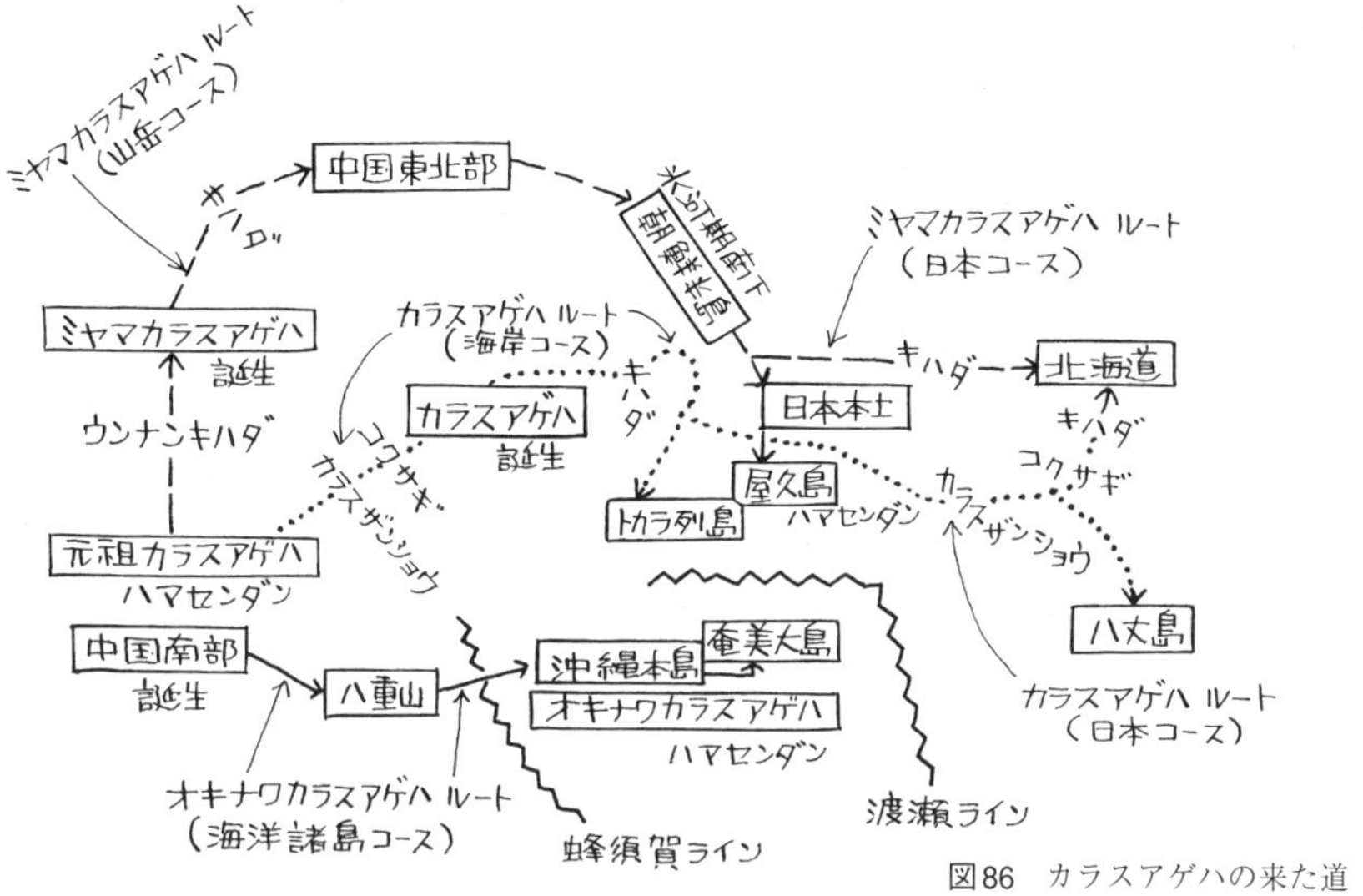

図86　カラスアゲハの来た道

二の食餌転換がおきる。それがキハダである。ここでまた、ちょっと時間がかかる。キハダの苦味質（ベルベリン）を克服しなければならないからである。キハダに適応したカラスアゲハは、また東北方向へ分布を拡大していく。このように食餌転換をくり返しているうちに、先祖カラスアゲハは現在のカラスアゲハ（進化型）という種に変身していく。

進化型カラスアゲハは、中国東北部にきて朝鮮半島の入り口に到達する。一部のグループはそこから南下して、日本列島に入ってくる。そこでまた、懐かしいハマセンダンやカラスザンショウに再会し、食餌をもとに戻す。

日本本土にやってきたカラスアゲハは、こんどは日本本州を北上するのだが、北へ行くとカラスザンショウやハマセンダンがなくなって、またまた、コクサギ、キハダと食餌を転換していくことになる。しかし、この食餌転換はすでに経験ずみだから、本州北上には時間がかからなかった。カラスアゲハの食性が幅広く、融通性があるのは、食餌転換をくり返しながら分布を拡大していったことの結果ではないか、思う。前節で述べた疑問――なぜ、カラスアゲハの食性には融通性があるのか――が、カラスアゲハの日本本土へ来た道程を考えているなかで、解けてきた。

西日本から南関東に到達したカラスアゲハの一部は、伊豆半島を南下して伊豆諸島に入る。そのころ、伊豆諸島は、陸つづきか、海峡の狭い島つづきで、カラスアゲハは八丈島まで到達することができた。その後、海進が進んで、八丈島は海のなかの孤島となり、八丈島のカラスアゲハも本州本土個体群から隔離され、独自に発展をして別亜種になる。こう考えると、カラスアゲハが八丈島にやってきたのは、いまから二〇〇万年まえより以前、時代は第四紀になる直前、という推測がなりたつ。

一方、九州を南下したカラスアゲハは、鹿児島県トカラ列島まで到達するが、それから先は深い海峡に阻まれて奄美諸島には入れなかった。とすると、カラスアゲハがトカラ列島にやってきたのは、いまから三〇〇万年まえより以後で、やはり第四紀になる直前、という考え方がなりたつ。そしてトカラ列島にやってきた個体群も、その後、本土個体群から隔離されて、別亜種に分かれていく（注）。

結局、進化型カラスアゲハは、北からも南からも、奄美・沖縄本島には入れなかった。おかげで、それより以前に入っていた先祖型カラスアゲハ（オキナワカラスアゲハ）は、進化型のカラスアゲハに攻撃される

（注）アマミノクロウサギは、現在は奄美大島にしか生息しないが、いまから五〇〇～三〇〇万年まえ（新第三紀鮮新世）は、薩摩半島にも生息していた（化石が出土している）（湊正雄『日本列島のおいたち・古地理図鑑』）。つまり、そのころは、奄美と九州南部は、陸つづきであった、と推測できる。

ことなく、原始性を維持したまま、現在まで生きつづけることができた、というわけである。

以上は、私の推理小説である。もし、この考え方に正当性があるとすれば、カラスアゲハの奄美亜種は、オキナワカラスアゲハの奄美亜種ということになる。

リュウキュウウラナミジャノメ ―奄美・沖縄本島の特異性―

沖縄本島の蝶が、日本本土や八重山諸島の近縁種と異なった形態を示す例が、ほかにも知られている。ウラナミジャノメの仲間がそうである。蝶類図鑑類によると、ウラナミジャノメ *Ypthima motschulskyi* は、本州の近畿以西・四国・九州（屋久島まで）に分布し、さらに朝鮮半島から中国大陸に広く分布している。これは広域分布種である。その一方で、南西諸島にはウラナミジャノメの近縁種が三種生息している。沖縄本島には固有種としてリュウキュウウラナミジャノメ *Y. riukiuana*、八重山諸島には固有種としてヤエヤマウラナミジャノメ *Y. yayeyamana* とマサキウラナミジャノメ *Y. masakii* がそれである。蝶類図鑑をみるかぎりでは、これら四種の形態はよく似ていて、どういう関係にあるのか、しろ

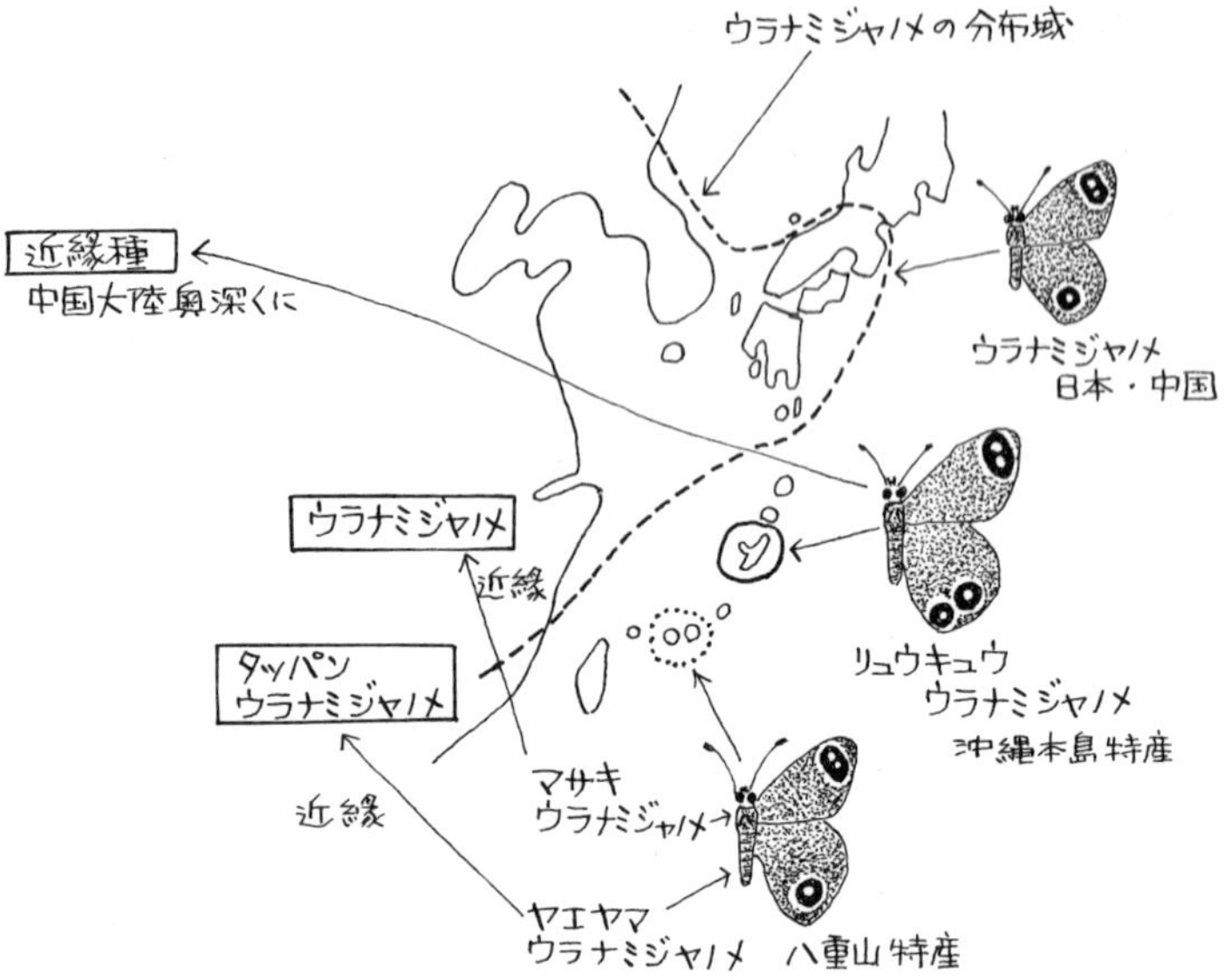

図87　ウラナミジャノメ類四種の分布、青山潤三『世界遺産の森　屋久島』より作図

うとにはわかりにくい。

青山によると、ヤエヤマウラナミジャノメは台湾・中国大陸に生息するタッパンウラナミジャノメの近縁種であり、マサキウラナミジャノメは西日本から中国大陸に生息するウラナミジャノメの近縁種で、ともに、八重山諸島に固有といっても、隣接する大陸にごく近い親戚が存在する。別の言い方をすれば、ヤエヤマウラナミジャノメも、マサキウラナミジャノメも、大陸にいるおなじ一族から分かれた分派にすぎないのである。

ところが、沖縄本島に生息するリュウキュウウラナミジャノメは近隣地域に近縁種が存在しない。近縁種は、中国大陸の奥深く、遠く離れたところに生息しているだけ、という。つまり、リュウキュウウラナミジャノメは、ウラナミジャノメ類のなかでは、もっとも原始的な存在で、ふるさと（中国大陸）を出て、ずっと早くに沖縄本島に入り、のち沖縄本島が近隣諸島から隔離してしまったおかげで、進化したウラナミジャノメたちからも守られて、現在まで生き残ることができた、というわけである。

沖縄本島とその周辺諸島（奄美も含めて）が、古い、原始的な動物のたまり場になっている（ノグチゲラ、ヤンバルクイナ、アマミノクロウサギ、ルリカケスなど）。おなじことが、オキナワカラスアゲハやリュウキュウウラナミジャノメについても、いえるのである。

ミヤマカラスアゲハの来た道 ―中国大陸山岳地帯を遠回りして―

では、ミヤマカラスアゲハは、どのようなルートをとおって日本本土にやってきたのだろうか。ミヤマカラスアゲハは、中国南部の先祖カラスアゲハが、西北の山岳地帯（寒冷地）にむかったグループから生まれた、と私は考えている。山岳地帯に登ると、ハマセンダンもカラスザンショウもなくなる。しかしそこにはチュウゴクキハダが存在する。

チュウゴクキハダ *Phellodendron chinense* は、樹高一〇～一二メートルの高木で、雲南・四川・湖北に自生している。先祖カラスアゲハは、雲南・四川の山岳地帯に登ってきて、ハマセンダンがなくなったとき、チュウゴクキハダの存在に気づいた。葉にはミカン科の香りがあるし、葉形・樹形もなんとなくハマセンダンに似ている。ただ、葉には苦いベルベリンがあるから、最初は抵抗感があっただろう。しかし、長い年月をかけてその困難を克服し、キハダを食餌にすることができた。

チュウゴクキハダを手に入れた先祖カラスアゲハは、ミヤマカラスアゲハという別の種に変身し、分布を北方の四川・湖北へと広げていく。湖北から北にはチュウゴクキハダはなくなるが、それに置き換わるように、アムールキハダ（日本のキハダとおなじ種）が出現する。樹形や樹性はほとんど異ならず、ミヤマカラスアゲハにとって違和感はない。ミヤマカラスアゲハは、こんどはアムールキハダを頼りに、中国の東北部からロシアのアムールにまで分布を広げていく。しかしアムールから北には、もうキハダは存在しない。

そこからミヤマカラスアゲハの進む道は、二つに分かれる。ひとつは、アムールから東進し、海を渡って日本の北海道に入る。もうひとつは、中国東北部から朝鮮半島を南下し、対馬を経由して日本本土（本州・九州）に入る。日本本土に到達したミヤマカラスアゲハは、ここでまた、進む道が二つに分かれる。ひとつは、本州の山地帯をキハダを頼りに東北まで北上していく。もうひとつは、九州を南下して屋久島に到達する。

ミヤマカラスアゲハが日本本土にやってきたのは、カラスアゲハ（進化型）よりずっと遅く、氷河時代になってからではないか、と思う。中国西部の山岳地帯を迂回してきたから、朝鮮半島北部に到達するのに、時間がかかってしまったのである。カラスアゲハにくらべると、日本でのミヤマカラスアゲハの形態は地域変異が少ない。それは、大陸から日本に渡ってきて、まだあまり時間が経過していないことを示している。

ミヤマカラスアゲハは、対馬に到達したとき、はじめて、餌植物の変化を経験する。キハダがなくなるのである。しかしそこには、ハマセンダンが自生していた。ミヤマカラスアゲハは食餌をハマセンダンに転換した。ハマセンダンはミヤマカラスアゲハの先祖の餌食樹だったから、ミヤマカラスアゲハにとっては食餌の先祖返りみたいなもので、違和感はなかった。

九州北部にはキハダは存在するも、数量は圧倒的に少なくなる（南九州にはもう存在しない）。対馬から九州に渡ったミヤマカラスアゲハは、キハダよりもむしろハマセンダンのほうを頼りにしたのではないか。だから、屋久島に来ても、食餌に関しては、不自由を感じることはなかった。

屋久島にやってきたミヤマカラスアゲハは、それより先へは南下できなかった。トカラ列島は、遥か海のかなたにあるからだ。氷河時代は、トカラ列島は、九州から遠く離れていたのである。

考えてみれば、ミヤマカラスアゲハは、中国南部で食餌をハマセンダンからチュウゴクキハダに転換して以来、一貫してキハダを頼りに生活してきた。ミヤマカラスアゲハの食性の幅が、カラスアゲハよりせまい、ということは、その食生活の歴史から生まれてきた結果ともいえる。それは、ハマセンダン→カラスザンショウ→コクサギ→キハダと食餌転換をくり返してきたカラスアゲハとは、食生活の歴史が異なることを示している。本章の最初の節で述べた疑問—なぜ、ミヤマカラスアゲハは食性幅がせまいのか—が、カラスアゲハの場合と同様に、ミヤマカラスアゲハの日本への来た道を考えていて、そのなぞが解けた感じがする。

屋久島は古戦場—カラスアゲハがいない理由—

カラスアゲハとミヤマカラスアゲハの分布については、もうひとつ、大きな「なぞ」がある。屋久島には、ミヤマカラスアゲハはいるが、カラスアゲハはいないのである。カラスアゲハのほうが低地系だから、暖かい屋久島（海岸は亜熱帯）ではカラスアゲハのほうが有利、と思うのだが、実際には、カラスアゲハは生存しない。これは、なにを意味する

図88　モンキアゲハ

のだろうか。
ミヤマカラスアゲハは、屋久島ではハマセンダンを食餌にしている。ハマセンダンはカラスアゲハにとっても食餌になるから、当然、ハマセンダンをめぐって餌のとりあいになるが、どうやらミヤマカラスアゲハのほうが勝利したようである。ハマセンダンにつよく執着するミヤマカラスアゲハにたいして、カラスザンショウでもいい、と考える、なんでも屋のカラスアゲハのほうが、負けた、と私は考えている。

対馬（キハダ不在、ハマセンダン存在）では、カラスアゲハとミヤマカラスアゲハが共存しているが、やはり、ミヤマカラスアゲハのほうが優位に立っているという（柳沢）。しかし、屋久島では、カラスアゲハとミヤマカラスアゲハは共存せず、カラスアゲハがいなくなってしまうのは、解せない。なぜなら、ハマセンダンがミヤマカラスアゲハに独占されたとしても、屋久島にはカラスザンショウが存在するからである。

屋久島では、なぜ両者は共存できないのか。私は確かな理由を見出しえないでいる。想像をたくましくすれば、カラスザンショウはモンキアゲハの重要な餌になっており、モンキアゲハがカラスアゲハを排除してしまったのではないか。屋久島の低山帯を歩くと、やたらにモンキアゲハ飛翔が目につく。モンキアゲハは、食餌をカラスザンショウにつよく依存している蝶なのである。

カラスアゲハもミヤマカラスアゲハも、その来歴をたどってみれば、それぞれ独自の道をとおって、苦労しながら、日本へやってきたことがわかる。ご苦労さん。

ところで、仙台の街中から三角形の山がみえる。仙台のシンボル・太白山《たいはくさん》である。標高三二一メートルの低い山だが、ミヤマカラスアゲハが生息しているという。今年（平成十八年）は、暇ができたら登ってみよう。もし、ミヤマカラスアゲハに会えたら、訊いてみたい。太白山は、海岸に近い里山だから、当然、カラスアゲハの勢力下にあると思うが、太白山の「なに」が、君たち・ミヤマカラスアゲハの生存を助けているのか、と。

10章　ギフチョウの来た道・再考

ヒメギフチョウ　―国際派の蝶―

奥の細道

芭蕉が、岩手県平泉から宮城県にひき返し、出羽街道を岩出山から鳴子《なるこ》に入ったのは、元禄二（一六八九）年五月十五日、新暦でいうと、七月一日であった。目的地は山形県の尾花沢《おばなざわ》である。そこでは俳諧の友・清風が待っている。

鳴子から山形県境の堺田までは、途中、小深沢、大深沢の急な上り下りはあるが、あとは、なだらかな傾斜の山道を行く。いまでも、国道四七号線にそって、旧・出羽街道が整備されていて、格好のハイキング・コースになっている。中山平のトンネルの手前に尿前《しとまえ》の関がある。ハイキング・コースは、そこを出発して、花淵山《はなぶちやま》の麓を巻いていく。このあたり、五月の連休のころは、ブナの新緑にベニヤマザクラの紅がまじって、たいへん美しい。黄な粉をまぶしたような樹があれば、イタヤカエデの花である。

中山平から堺田までは、高原状の明るい雑木林となる。コナラ、ミズナラ、アカシデ、コシアブラ、チョウジザクラ、カスミザクラが多い。林縁にはレンゲツツジが出てくる。レンゲツツジの存在は、むかしこのあたりで馬の放牧が行われていたことを暗示する。沢すじに出ると、トチノキ、サワグルミ、カツラが出現する。

旧街道ぞいには、カタクリ、オオバキスミレ、キバナノイカリソウ、スミレサイシンにまじって、ウスバサイシンも出てくる。花は、茶色・壺状で、葉に包まれるように咲くから、見つけにくい。葉形はスミレサイシン（スミレ科）によく似ているが、ウスバサイシン（ウマノスズクサ科）の葉には鋸歯がない。

奥の細道は、堺田からは自動車道で寸断されてしまうが、山刀伐《なたぎり》峠の山道はいまでも残っている。当時は、昼なお暗い原生林で、芭蕉は、山賊に襲われないかと、ヒヤヒヤしながら歩いたという。現在は、峠の下にトンネルができて、もう峠越えをする必要はない。

図89　ヒメギフチョウ（仙台近郊、M. Takahashi 撮影）カラー口絵㉖参照

山刀伐峠でヒメギフチョウに出会う

平成十三年五月十四日、われわれ森林教室の一行は、山刀伐峠の下でバスを降りた。峠越えのハイキングを楽しもう、という企画である。いまは山道も整備され、案内板も立っていて、のんびり歩ける。このあたりの森は、ブナ、ミズナラ、トチノキ、サワグルミ、カツラ、ホオノキ、イタヤカエデ、などの高木群で構成されていた。つまり、典型的な、東北のブナの森である。あたりは、芽吹いたばかりの新緑で、林冠からは木もれ日がさしこみ、さわやかな気分となる。

林道の水たまりに、青い羽の、小さなシジミチョウが数匹舞っていた。よくみると、スギタニルリシジミだった。成虫はトチノキの花芽に卵を産み、幼虫は花のつぼみを食べる。出現時期がちょっと遅いのではないか（鳴子・中山平の大深沢では四月下旬）。しかし、山の斜面には、ところどころに雪が残っていて、そのあたりはまだ早春だった。これから芽吹こうか、というトチノキもたくさんあった。陽のあたる場所と、雪の残っている場所では、生物季節は半月も異なるようだ。だから、スギタニルリシジミも、のんびりしているのだろう。

峠の広場で昼食をすませ、反対側へ降りる。あたりは、明るい里山雑木林という感じになった。そのとき、下のほうから淡い黄色の蝶がヒラ

図90　カタクリ（山形県鶴岡近郊、S. Ito 画）
カラー口絵 ㉗ 参照

図91　ウスバサイシンの葉裏に産みつけられたヒメギフチョウの卵（仙台 太白山、H. Kida 撮影）
カラー口絵 ㉙ 参照

ヒラ飛んできた。五月中旬だったから、気の早いアゲハチョウかと思ったが、よくみると、なんとヒメギフチョウだった。

風もなく、陽あたりもよく、蝶にとっては絶好の日和だった。山を降りていく林道ぞいのあちこちで、ヒメギフチョウが舞っていた。林内の斜面には一面にカタクリの花が咲いている。また、道端のチョウジザクラも花を咲かせている。これらの花は、ヒメギフチョウの成虫の蜜源となる。幼虫の餌はウスバサイシンである。この草も、林内のあちこちでみられた。ヒメギフチョウの食べ物と好きな環境がそろっている。ここは、ヒメギフチョウの里だった。

山刀伐峠の森林植生は、県境を越えた宮城県側の鳴子・中山平のそれと、基本的には異ならない。だから、中山平の大深沢でもスギタニルリシジミが生息しているのである。ところが鳴子には、ヒメギフチョウは生息しない。私は、一四年間、鳴子に住んでいたが、ヒメギフチョウが生息している、という気配を感じたことがない。幼虫の食草・ウスバサイシンと、成虫の蜜源植物・カタクリは、いっぱい存在するというのに。なぜだ？

芭蕉が歩いた歴史の道をのんびり楽しもう、という山旅だったのに、思わざる難問を突きつけられてしまった。ヒメギフチョウの分布につい

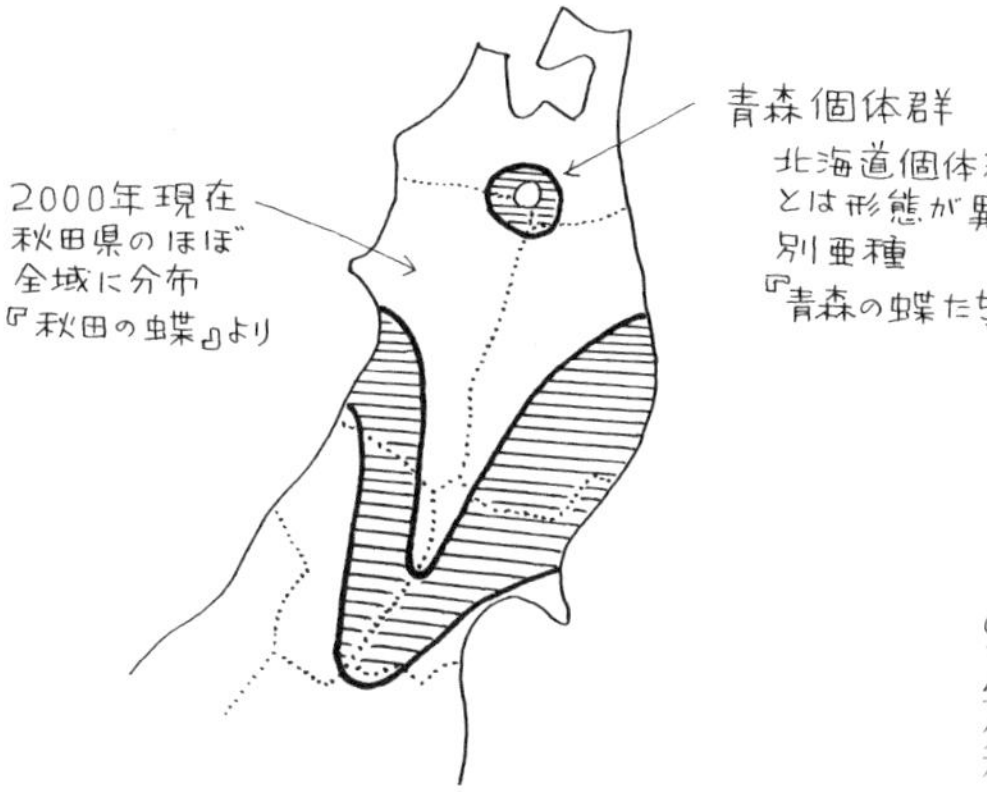
北海道個体群
とは形態が異なる
『青森の蝶たち』より

図92　ヒメギフチョウのV字分布

ては、まえから「なぞ」を感じてはいたのだが、どうも気分が乗ってこなくて、そのまま放置していた。ところが今回、山刀伐峠でヒメギフチョウに出会って、一気に、なぞ解きに挑戦してみる気分が湧き出してきたのである。

ヒメギフチョウ分布のなぞ①　―V字状分布―

子供むけの自然観察シリーズ『日本のチョウ』（海野和男・青山潤三、小学館　一九八一）によると、ヒメギフチョウ *Luehdorfia puziloi* は、北海道と東北と長野県の三箇所に分布するが、東北での分布は、奇妙なことに、岩手・宮城・山形・秋田県の四県にわたり、V字状の帯となってつながっている。そして、宮城県の北西部は、やはりヒメギフチョウの空白地帯になっていた。これは、なにを意味するのだろうか。その分布のなぞ解きに熱中していると、自然に、勝手に、私の「ヒメギフチョウ物語」が形をなしていく。そして、それが、つぎの「ギフチョウ再考」につながっていく。

まず、ヒメギフチョウの東北地方での分布を、もうすこし詳しくしらべてみた。ヒメギフチョウは、仙台・青葉山に隣接する蕃山にも生息している。ここは、日曜日ともなれば、仙台市民のハイキングでにぎわう山である。山の環境は、地元の「自然観察会」や仙台市民による「蕃山を守る会」によって守られており、ヒメギフチョウも、苦しいながら、なんとか生活を維持しているようである。平成十七年の春、私の森林教室の仲間がカタクリの花の写真を撮りにいって、羽化したばかりのヒメギフチョウをみている。

　ところで、ヒメギフチョウの宮城県内での分布は、どうなっているのだろうか。河北新報『宮城の昆虫』を開いてみると、分布地点の図が出ていた。それによると、白石川・名取川・広瀬川の川ぞいと、七つ森や南三陸あたりに点々と生息地のあることがわかった。しかし、やはり県の北西部（鳴子あたり）には分布点はなかった。

　では、山形県内での分布はどうか。草刈広一『ギフチョウ属最後の混棲地』には、ギフチョウとヒメギフチョウの詳しい分布地点が出ていた。その分布図に、河川・山脈地図を重ねて、私流にまとめてみると、図のようになった。この図から、山形県のヒメギフチョウは、主として、奥羽山脈と最上川のあいだの地域に、かなり広く分布していることがわかった。

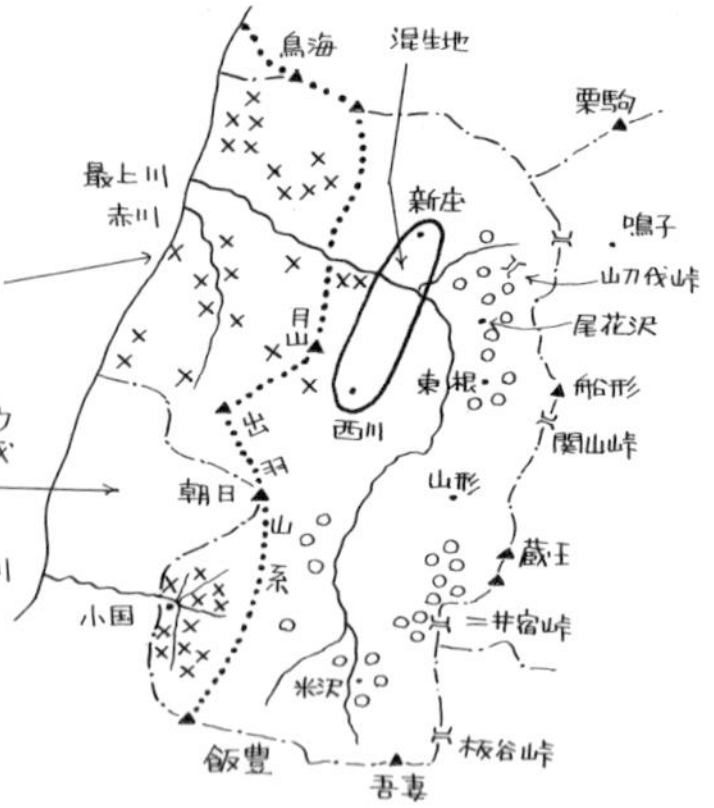

図93　山形県のギフチョウ（×）とヒメギフチョウ（○）の分布

　この山形県のデータを、宮城県側のデータとつき合わせてみると、ヒメギフチョウの宮城個体群と山形個体群は、県境を形成する奥羽山脈で分断されてはいるが、宮城県南部の白石川源流・二井宿《にいしゅく》峠（標高五五〇メートル）あたりを回廊として、両個体群はつながっているようにみえる。

そのあたりが、前述した東北でのV字状分布の南端にあたる。ではどうして、こんなV字状分布が形成されたのだろうか。気になって、山の様子をしらべにいった。マイカーで山形県内の国道一一三号線を南下し、高畠町にさしかかると、前方に大きな山並みが現われてきた。吾妻《あづま》連峰だった。

そうだったのか。南北に走る奥羽山脈の南端のさきに、吾妻連峰が東西に長い壁を造っていたのである。それが、ヒメギフチョウの南下を妨げているのではないか。ヒメギフチョウは標高の高い山には上らないらしい。山脈の壁に突き当たったヒメギフチョウは、そこでUターンする。その結果、V字状という特異な分布型ができたのではないか。私はそう思った。

もうひとつの疑問、宮城県の西北部・鳴子にヒメギフチョウが生息しないのは、どう考えたらよいのだろうか。県境を越えた山形側の山刀伐峠にかけては、山刀伐峠には生息するというのに。じつは、鳴子から山刀伐峠にかけては、山はそれほど高くはないが、ブナの原生林がつづいていて、それが、ヒメギフチョウの通行・生息を妨げているのではないか。ヒメギフチョウは、どうも、ブナの原生林が気に入らないのではないか。今回、ヒメギフチョウのなぞを考えていて、だんだん、そんな気がしてきた。考えてみれば、山刀伐峠のヒメギフチョウも、みたのは峠の南側、里側の雑木林で、峠の北側、ブナの森ではみていない。

ヒメギフチョウ分布のなぞ② ―V字状分布から全面分布へ―

若かりしころ、北海道富良野《ふらの》の東京大学演習林で研究生活を送っていた。北海道の五月は、よく晴れて、空気はすごく乾燥する。空中湿度が三〇パーセントを割ることもしばしばである。そうなると、山火事警報が出る。そんな日は、さわやかな風が吹く。私は、樹木園の木々を見まわりながら、蛾の幼虫の採集に没頭していた。狙いはハマキガ類である。樹木の新葉にハマキガ類の幼虫が集まってくるのである。この仕事は、小蛾の専門家・一色周知先生（当時、大阪府立大学）の依頼によるもので、採集した幼虫や成虫は、せっせと、一色さんの研究室に送った。

蛾の採集に疲れると、芝生の草むらに寝そべって、野鳥の声に耳を傾ける。樹木園では、アオジがのんびりした調子で鳴いている。私の気分ものんびりして、眠たくなってくる。ときどき、頭の上をヒメギフチョウがひらひら飛んでいく。その時は蛾のことばかり考えていて、蝶にはあまり関心がなかった。ただ、ヒメギフチョウという蝶は、寒冷で乾燥する風土が好きなんだなあ、という印象をうけたことを覚えている。

いま、東北地方のヒメギフチョウの分布を考えていて、東北での分布の中心地域は、もともとは、寒冷で、よく乾燥するところ、つまり、宮城から岩手にかけての、太平洋側（北上山地）にあったのではないか、と思えてきた。しかし実際は、日本海側の山形県の内陸部にもかなりの生息地がある。その様子がV字状分布となって表われているのである。ではどうして、湿性風土の山形県で、ヒメギフチョウの生育地が多いのだろうか。それは、むかしの、自然本来の姿ではなく、人間活動が関与して形成された近年の姿ではないのか。私はいま、このような考え方に到達した。

弥生時代以降になると、人間活動が活発となり、森林にもつよい影響が表われてくる。山形県でも、湿ったブナの森は減少し、コナラ、ミズナラの乾性な雑木林が広がりはじめる。ヒメギフチョウの生息に適した環境が増えてきたのである。それに呼応して、宮城県の里山に住居を構えていたヒメギフチョウ個体群が、奥羽山脈南端の二井宿峠あたりを迂回して、山形県側に進出する。その後は、最上川にそって北上し、県北部まで分布を拡大していく。その結果、ヒメギフチョウの分布はV字型になっていった。私はこう推測するのである。

それに加えて、最近は温暖化が進行してきて、ヒメギフチョウの北上も活発化し、秋田県でも各地にヒメギフチョウの産地が知られるようになってきた。つまり、一時期に形成されたV字状分布型が、ここにきて、崩れてきたのではないかと思う。猪又敏男『原色蝶類検索図鑑』(一九九〇)をみると、ヒメギフチョウの東北での分布は、宮城・山形から岩手・秋田・青森にかけての、ほぼ全域に、べったりと広がっている。「V字分布型」から「全面分布型」に変化しつつあることがわかる。

ヒメギフチョウ分布のなぞ③ ―日本での隔離分布―

日本でのヒメギフチョウの分布は、おおまかにみると、北海道、東北、長野県の三箇所に隔離分布している。この隔離分布は、なにを意味するのだろうか。これが、三つめのなぞである。

学研『オルビス学習科学図鑑・昆虫1』を開いてみると、ギフチョウ

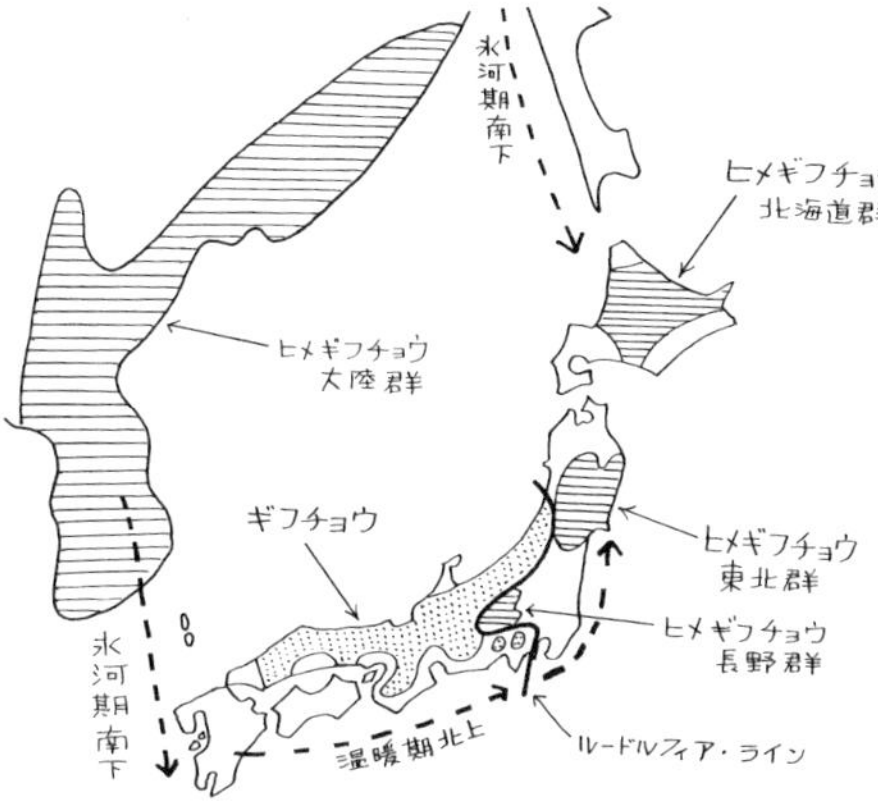

図94　ヒメギフチョウの来た道

類の極東アジアにおける分布図が出ていた。それによると、ヒメギフチョウは、日本のほか、朝鮮半島、中国東北部からロシアの沿海州に広く分布している。つまり、同種の仲間が、中国大陸の東北部にも生息しているのである。

中国東北部のヒメギフチョウと、日本の本州・北海道のヒメギフチョウが、同種であるということは、大陸のヒメギフチョウが日本にやってきたのは、そんなに遠いむかしのことではなく、いまから数十万年まえ、氷河時代であったことを暗示する。このことから、つぎのようなことが推測ができる。

大陸のヒメギフチョウ個体群は、氷河期が来るまえの温暖期には、中国東北部からロシアの沿海州あたりまで北上していたのだろう。そして氷河期がやってくると、南下をはじめるのだが、沿海州で生活していた個体群の一部は、カラフト経由で（あるいは大陸から直接）、日本の北海道に入ってきて、そこに棲みつき、北海道個体群（北海道亜種）を形成する。

一方、朝鮮半島北部に生活拠点をおいていたヒメギフチョウ個体群は、朝鮮半島を南下して日本の西南部に入り、そこで避寒する。ヒメギフチョウは、大陸ではオクエゾサイシンを食餌にしているが、日本本州ではウスバサイシンに乗り換えている。といっても、違和感はない。オクエゾサイシンとウスバサイシンは、ごくごく近い親戚だから。

温暖期がやってくると、ヒメギフチョウはまた北へ帰ることになる。そのとき、一部のものは、帰る道をまちがえて、本州中・北部に上がってしまう。そしてヒメギフチョウの好む環境（寒冷・乾燥地域）に出会うと、そこに棲みつく。それが、長野個体群であり、東北個体群となる。しかし、長野・東北両群間には形態に差がなく、ともに本州亜種とされている。つまり、長野・東北両群の隔離は、ごくごく最近の出来事、最終氷河期が終わって（一万数千年まえ）以後のこと、と私は推測するのである。

ギフチョウ　―日本本州固有の蝶―

東北日本海側のギフチョウ

もう一〇年もまえのこと、五月の連休あけに、仙台から新潟県の胎内《たいない》渓谷へ、マイカーを走らせた。山形から国道一一三号線を南下し、赤湯温泉で右折し、国道一一三号線を西に進む。長い宇津トンネルをぬけると小国《おぐに》町となる。地図をみると、宇津トンネルは、最上川水系と荒川水系を分ける分水嶺（朝日岳・飯豊《いいで》山をむすぶ出羽山系）にあった。地形的には、このトンネルが山形・新潟の県境なのだが、行政的には、小国は山形県に入る。

　小国の町に入る手前、国道ぞいに、しゃれた茶屋があった。料理が関西風のうす味で、おいしかった。まわりは新緑のブナの峡谷で、ベニヤマザクラの紅花が美しかった。峡谷にそって遊歩道があった。気持ちよさそうな渓谷だったので、運転でつかれた足の筋肉をほぐすため、ちょっと散策することにした。道の上をギフチョウがひらひら舞っていた。思わぬ蝶の出現に、胸はドキドキして、足の疲れもふっとんだ。出羽山系のむこう側・米沢あたりはヒメギフチョウの分布圏であるが、こちら側・小国はギフチョウの分布圏であることを知った。ギフチョウが生息する、ということは、そこが日本海側の風土であることを示している。

　新潟県胎内川は、飯豊山系の前山、赤津山と二ツ峰に囲まれた山域に源を発し、黒川村をとおって日本海に注ぐ。国民宿舎・胎内パークホテルは、都会的な雰囲気で、サービスがよく、料理にも心くばりが感じられて、気に入った。胎内渓谷は、雪どけの水がとうとう流れ、斜面は

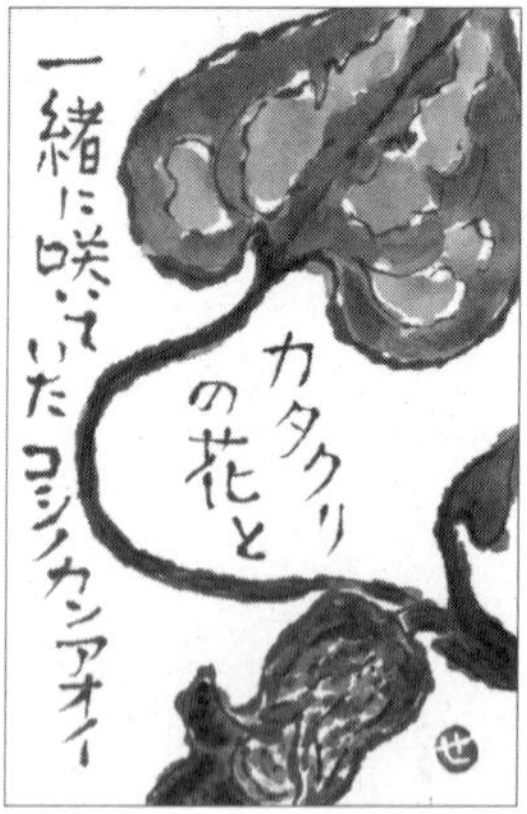

図95　コシノカンアオイ（山形県鶴岡近郊、S. Ito画）カラー口絵㉘参照

ブナの淡い緑でおおわれていた。林道わきの森のなかへ入ってみた。ユキツバキがあちこちで真っ赤な花を咲かせていた。メジロがさかんに鳴いていた。林道の上をギフチョウが飛ぶのをみた。追っていくと、崖っぷちのイワウチワの花にとまった。無心に蜜を吸っている姿にみとれた。今度は、ドキドキすることもなく、冷静にみられた。

山形県鶴岡市の近く海岸寄りに、高舘山という小さな山がある。標高は二七三メートルにすぎないが、中腹以上はブナの森になっている。私は一度、山形大学大学院の院生（現・森林インストラクター）に案内してもらったことがある。かの女が指さす林床にコシノカンアオイが一面に生えていた。私にとっては、カンアオイ類は珍しく、その円い葉の濃い緑色が印象に残った。この山にも、春になるとギフチョウが舞うという。

ギフチョウは、学名を *Luehdorfia japonica* という。日本本州の特産種である。それで、大陸のギフチョウ類と区別したいときは、ニホンギフチョウ、と呼ぶことにする。ヒメギフチョウに似ているが、いくらか大きい。小学館『日本のチョウ』によると、後羽の表側外縁の紋列が、ヒメギフチョウでは黄色であるが、ギフチョウは赤橙色で、区別できる。

ギフチョウ（岐阜蝶）の分布は、関東から西へは、岐阜をへて、中国地方の山口にまで達し、日本海側では、海岸ぞいに、山陰・北陸から新潟をへて、山形・秋田の県境まで北上している。ギフチョウの分布北限はコシノカンアオイの分布とほぼ一致する。ギフチョウは、もともとは暖温帯・照葉樹林帯の蝶で、東北地方の太平洋側には分布しない。

北陸から山形県にかけての海岸ぞいは、太平洋側にくらべると、照葉樹林帯の生きものが北のほうまで上がっている。夏は、太平洋側にくらべると、気温はずっと高くなるからだ、と思う。冬は、気温は低くなるが、雪が積もるので、生きものは雪の下で眠っておれば、無事に冬を越すことができる。コシノカンアオイやギフチョウの分布がそのことを示している。

図96　ギフチョウ（C. Nishiguchi 画）
カラー口絵 ㉚ 参照

元祖ギフチョウと中国のカンアオイ

私は、さきの本（『森と樹と蝶と』）で、ギフチョウの誕生は、ヒメギフチョウが食草をウスバサイシンからカンアオイに転換したことがきっかけになった、と考えた。そしてその場所は、ウスバサイシンとコシノカンアオイが混生する山形県あたりではないか、と推理した。ギフチョウが日本で誕生した、と考えたのは、ギフチョウの食草であるカンアオ

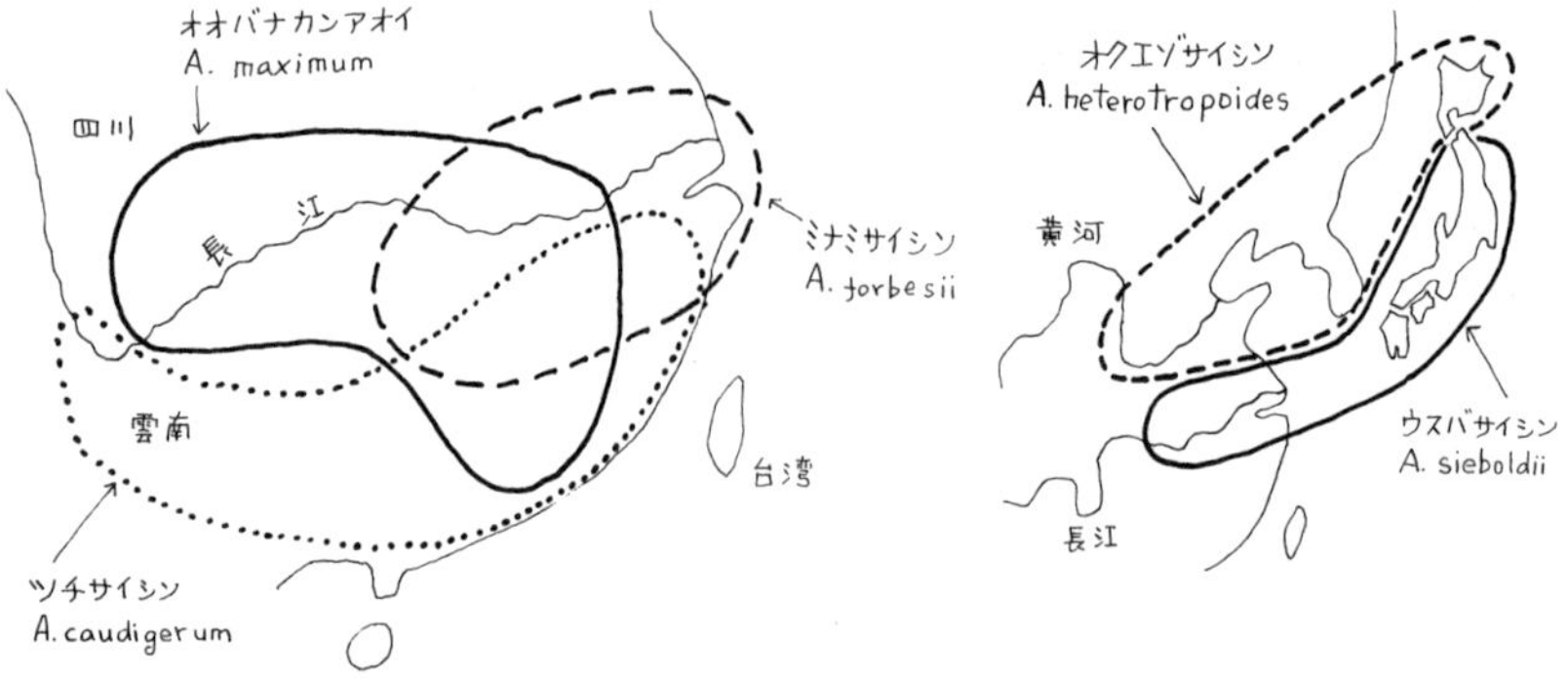

図97　中国におけるウスバサイシン、カンアオイ類の分布

イ類（*Heterotropa* 属）が日本特産の植物群で、日本以外には存在しないから、という単純な発想だった。カンアオイ類は日本特産の植物、という意識のつよすぎたことが、私の考え方をミスリードすることになった。

じつはここで、この考え方を修正しなければならない。前節で考察したように、ヒメギフチョウが日本にやってきたのは氷河時代、と考えると、ギフチョウの日本誕生説は成立しなくなるのである。なぜなら、氷河時代はごく最近（約八〇万年まえ以後）の出来事であり、その時代にヒメギフチョウからギフチョウが誕生する、ということはありえない話なのである。新しい種が誕生するには、数百万年以上の経過年数が必要である。

ではギフチョウは、いつ、どこで誕生したのか。私はここにきて、ギフチョウ誕生のシナリオを再考せざるをえない羽目に落ちいった。ギフチョウの誕生と日本への渡来ルーツを探るためには、どうしても、その食草であるカンアオイの素性を知る必要がある。そこでまず初めに、ギフチョウ属の発祥の地が中国西南部として、その地域に、カンアオイ類の、どんな種類が存在するのか、しらべてみた。元祖ギフチョウ（ギフチョウ属の先祖）は、おそらく、その植物と関係をもっていたにちがいないから。

『中国高等植物図鑑』をひもといてみると、中国には、カンアオイ・ウスバサイシン類の仲間として①*Asarum henryii*（馬蹄香、ヘンリーサイシン）、②*A. maximum*（大花細辛）、③*A. caudigerum*（土細辛）、④*A. sieboldii*（細辛、ウスバサイシン）、⑤*A. teterotropoides*（北細辛、オクエゾサイシン）、⑥*A. forbesii*（南細辛）の六種が記載されている。これら六種のうち、中国の西南部に自生していて、元祖ギフチョウと関係がありそうなのは*A. maximum*という種であった。

カンアオイの来た道

ところで、中国では、カンアオイ・ウスバサイシン類六種はすべて、*Asarum*属で統一されている。うち二種、ウスバサイシンとオクエゾサイシンは日本にも分布している種で、それらは、日本の植物図鑑では*Asiasarum*（ウスバサイシン属）に置かれている。日本では、カンアオイ・ウスバサイシン類は、フタバアオイ属*Asarum*、ウスバサイシン属*Asiasarum*、カンアオイ属*Heterotropa*の三属に細分されている。日本と中国で、カンアオイ・ウスバサイシン類の扱い方にちがいのあることを知った。

カンアオイの研究家・前川文夫は、三属に細分する理由として、属間の差異は小さくとも、差異が生じるのにきわめて長い年代を費やしており、その点を考慮すれば、属を細分するのは当然、と述べている（『植物の来た道』）。私にはとても、当然、とは思えない理屈であるが、それはそれとして、日本では、*Heterotropa* 属の名のもとで、多種のカンアオイが記載されている。

そこでつぎに『日本の野生植物・草本（フィールド版）』（平凡社）を参考にして、日本に産するカンアオイ属二十数種の分布地点（広域分布種は中心地を推定して）を、おおざっぱに日本地図上に落としてみた。それが図98である。カンアオイ属は、地域ごとに、多彩に種分化をおこしながら、南西諸島から九州・四国をへて本州の東北まで、広がっていることがわかる。

カンアオイ属が日本特産属であることを認めるとして、では、日本のカンアオイ属の先祖は、なにものなのか、どこに棲んでいたのか、という疑問が湧いてくる。そこで私は、素人の独断と偏見で、中国の西南部に自生している *Asarum maximum*（葉は肉厚で常緑、花は大型）が、日本のカンアオイ属 *Heterotropa* の先祖的存在ではないか、という推論を出した。そして、カンアオイ類の、日本列島への渡来と発展のすじみち

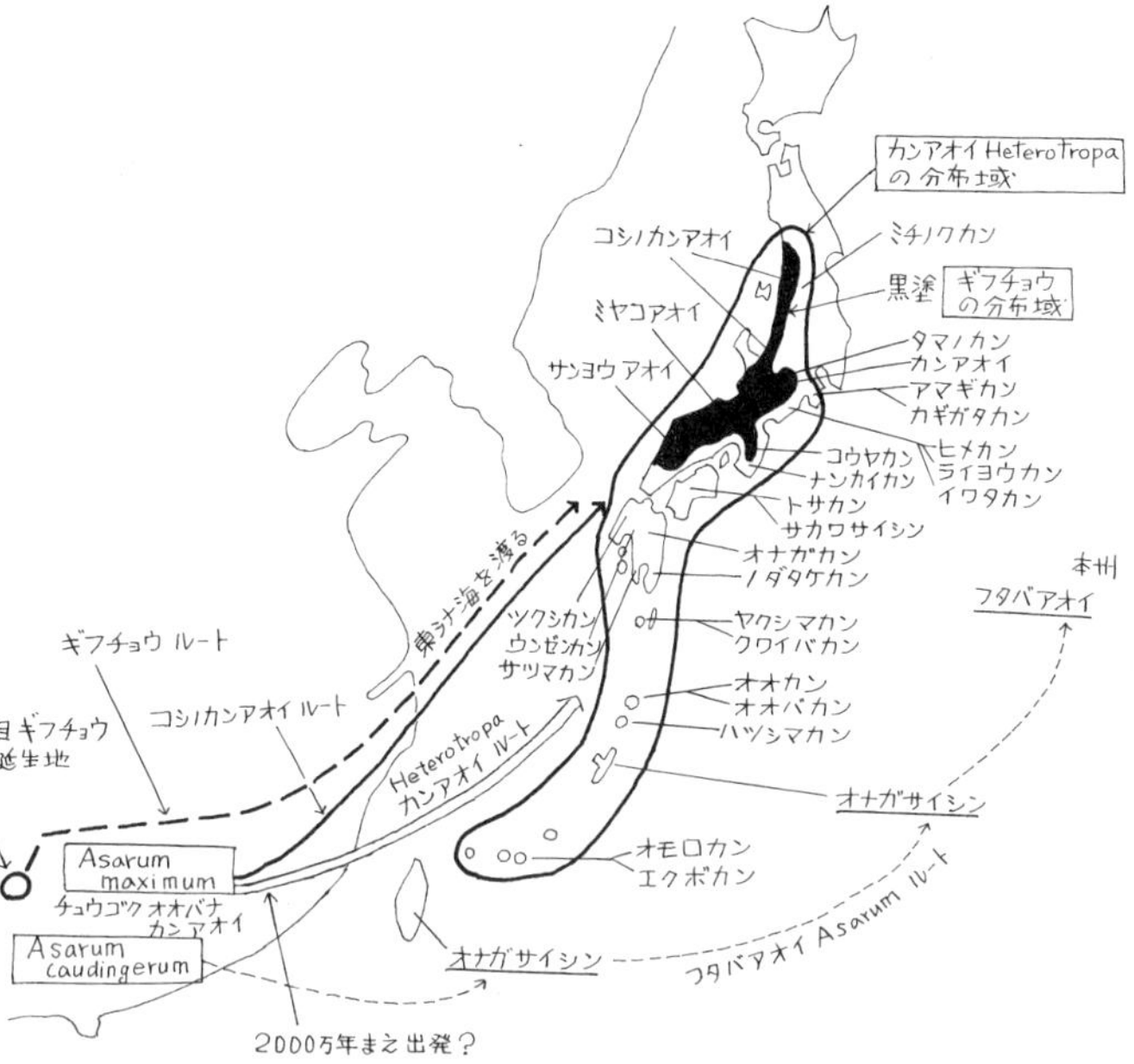

図98 カンアオイとギフチョウの来た道

を、つぎのように推理してみた。

中国の西南部あたりに住居を構えていた *Asarum maximum*（チュウゴクオオバナカンアオイと名づけたい）個体群の一部が、長江流域の南側に広がる照葉樹林帯をとおって海岸に進出し、そこから日本の南西諸島に入り、湿性の海洋気候に適応して誕生したのがカンアオイ属である、と。現在、八重山諸島には、オモロアオイ、エクボサイシンという二種類のカンアオイが自生している。だからカンアオイ属 *Heterotropa* が誕生した場所は八重山諸島、と考えたい。

カンアオイ属は、その後北上して、奄美諸島でハツシマカンアオイ、オオバカンアオイ、オオカンアオイとなり、屋久島でヤクシマカンアオイ、クワイバカンアオイとなり、さらに日本本土に入って、地域ごとに多彩に種分化をおこし、日本にカンアオイ天国を構築する。

私は、日本のカンアオイ天国の形成を、このように推理してみた。では、先祖カンアオイが南西諸島にやってきたのは、いつごろの話なのだろうか。カンアオイ類の分散速度がきわめて遅いこと、日本のカンアオイ類が二十数種にも分化していること、を考慮すると、その時代はおそらく、二〇〇〇万年ほどまえ、ではないかと思う。そのころ、南西諸島から日本本土は大陸と陸つづきで、移動力の小さいカンアオイでも、ゆっくり北上することができたのである。

ニホンギフチョウの日本へ来た道・再考

ギフチョウ属の発祥は、中国の雲南に拠点をもつウンナンシボリアゲハ（*Bhutanitis* 属、食餌はウマノスズクサ）にある、と考えられている。元祖ギフチョウは、食餌をウマノスズクサからカンアオイに転換することによって、*Bhutanitis* から *Luehdorfia*（ギフチョウ属）に生まれ変わった。場所は四川省の南部、転換した餌植物はチュウゴクオオバナカンアオイ、ではなかったか、と思う。

中国南西部の山中で生まれた元祖ギフチョウは、徐々に分布を広げていく。一部は、進路を北にとり、華西の山地帯をつたって山陜あたりに進出する。華西の山地では、チュウゴクオオバナカンアオイはなくなり、替わってヘンリーカンアオイが出現してくる。元祖ギフチョウは、食餌をヘンリーカンアオイに転換し、オナガギフチョウに変身する。さらに、東北部に到達すると、食餌をオクエゾサイシンに転換し、ヒメギフチョウに変身する。そして、前述したように、氷河期に、日本に入ってくる（西口『森と樹と蝶と』）。

では、日本のギフチョウの先祖は、どこで誕生し、どのルートをとおって、日本本州にやって来たのだろうか。前著で私は、ギフチョウはヒメギフチョウから生まれた、と推測したが、ここで「食餌の転換」ならぬ「発想の転換」をしなければならない。ギフチョウは、ヒメギフチョウよりも、ずっとまえに誕生していた、と考えなおしたい。つまり、ギフチョウのほうが、ヒメギフチョウより古い、と考えたいのである。

理由は二つある。ひとつは、本書でいろいろな蝶の日本ルーツを考察してきてわかったのだが、北方系より南方系のほうが原始的であること。もうひとつの理由は、日本本州は原始的な、よわい生きものの「たまり場」になっていること、である。たとえば、アサマイチモンジやヒカゲチョウがそうである（8章）。ギフチョウも、おなじではないかと思う。

ニホンギフチョウは、元祖ギフチョウに近い、かなり原始的な種ではないか、と思う。ここで私は、ニホンギフチョウの日本へ来た道を、つぎのように推理してみた。ニホンギフチョウの先祖は、ふるさと（四川省南部あたり）を出て、進路を東にとり、長江ぞいの照葉樹林を伝って海岸に出る。中国での食草は、照葉樹林の林床に自生するチュウゴククオオバナカンアオイだった、と思う。長江の下流域では、ミナミサイシンが食草になった可能性もある。

海岸に到着したのは、いまから七〇〇万年よりも以前のことだろう。そのころ、東シナ海は日本本土と陸地でつながっていた。先祖ニホンギフチョウは、陸地づたいに日本に来ることができた。日本に着いてみれば、そこはカンアオイ天国であった。先祖ニホンギフチョウは、よろこんで、日本のカンアオイの社会にとけこんでいった。やがて、東シナ海は海となり、日本に入った先祖ニホンギフチョウは、大陸のギフチョウ社会から隔離され、日本で独自の発展をとげ、日本固有の種・ニホンギフチョウに生まれ変わった。

ここまで書いてきて、ふと気づいた。チュウゴククオオバナカンアオイも、東シナ海を渡って、日本に入っていたのではないか。東北地方日本海側のコシノカンアオイ（*H. megacalyx*）は花が大きいが、それはチュウゴククオオバナカンアオイの血を引いているからではないか。もしそうであれば、カンアオイ属の日本ルートは、南西諸島コースと東シナ海コースの、二つということになる。

ところで現在、中国大陸にはニホンギフチョウの先祖らしきものは存在しない。確かなことはいえないが、先祖ニホンギフチョウが棲んでいた照葉樹林が、最近の人間活動で破壊されてしまったからではないか。私は、そう、疑っている。

私が、ギフチョウの来歴を、あれこれ考え悩んでいようとも、小国や胎内や高館山のギフチョウは、知らん顔して、雪国生活をエンジョイしていることだろう。それが一番である。身勝手な蝶マニアが、かの女たちの生活を乱すことがないよう、祈りつつ、この章をしめくくりたい。

11章　高山蝶・ベニヒカゲ物語

―日本海周辺に生きる蝶―

前編　ベニヒカゲのルーツを追って

―スイス、日本、チベット、トルコ、地中海―

スイスの高原から届いた蝶の写真

Iさん（絵手紙の先生で、私の森林教室の仲間）から、スイス・アルプスの高原で撮った蝶の写真が送られてきた。私はまだ、スイスの山を歩いたことがない。だから、スイスの自然については、実感がない。イメージとしては、観光ガイド・ブックのカラー写真にみられるような、雄大な山岳風景が浮かんでくる。険しくそびえる白い峰みね、そんな山やまを背景に、赤や黄や青色の花が咲き乱れる草原、そして、三々五々に草をはむ牛群。そんな風景が浮かんでくる。しかしそれは、美しき幻、のようなものであった。

ところが、私の教室の仲間が撮った写真には、ちがったインパクトが

図99　スコッチベニヒカゲ（スイス、S. Ito 撮影）
カラー口絵㉛参照

あった。私自身がスイス・アルプスへ行ったような気分になってきた。そして、スイスの高原が、蝶をとおして、語りかけてくるような、なにかを感じた。スイスの高原は、私に、なにを語ろうとしているのだろうか。

本棚から、ヨーロッパの蝶蛾図鑑をとりだし、写真に写っている蝶をしらべてみた。この本は、一般むけで、それほど詳しい内容のものではないが、写真の蝶はすべて載っていた。スコッチベニヒカゲ、ヘリグロベニシジミ、ウスルリシジミ、ギンボシヒョウモン、コヒョウモンモドキ、ベニモンマダラ（蛾）、という種類であることがわかった。

これらの蝶と蛾は、ひとりの山草愛好家が、花を観察するついでに撮ったものだから、珍しい種類のものではない。おそらく、夏のスイスの高原を歩けば、だれにでもみられる、ごくふつうの種類であろう。最初は、しらべたことを、森林教室で話して、スイスの高原をトレッキングするときの参考資料にしてもらおう、という軽い気持ちだった。しかし、しらべているうちに、ベニヒカゲという蝶がおもしろい物語性をもっていることに気づいた。

スコッチベニヒカゲは、日本のベニヒカゲと、ごく近い親戚関係にあることもわかった。この近い親戚が、片や日本に、片やヨーロッパに、

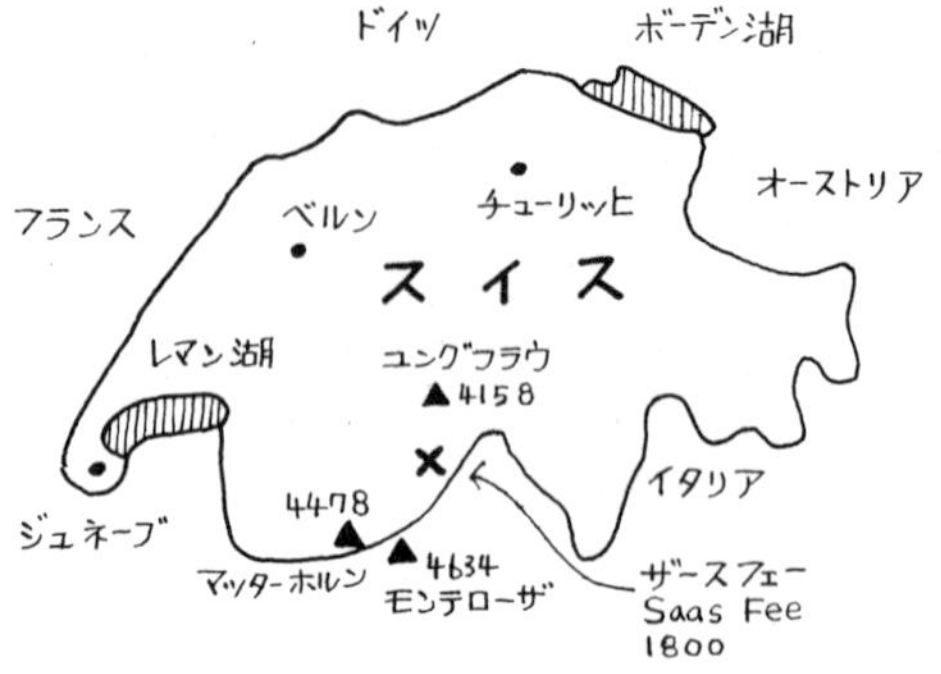

図100 ザース・フェーの位置

遠く離れて生きている。ヨーロッパと日本を結びつけるこの蝶は、いったい、なにものなのか。どうして、遠く離れて生きているのか。さまざまな疑問が、私の好奇心をかきたてた。私は、なぞ解きに熱中した。推理が空想を呼び、空想から推理が働いて、とうとう、「ベニヒカゲ物語」という一編の物語ができてしまった。その推理経過を、ここに記録しておきたいと思う。

スコッチベニヒカゲに会える ―スイス高原の花旅―

Iさんが蝶の写真を撮った場所は、スイス南部のザース・フェーという村であった。標高は約一八〇〇メートル、谷ひとつ西に移動すれば、有名な登山基地ツェルマットの町がある。ザース・フェーは、まわりを四〇〇〇メートル級の山やまに囲まれた、静かな高原の村らしい。つい数年まえまでは、日本人をみかけることはなかったという。村はすでに花の草原のなかにある。近くには、マットマルク湖があり、湖のまわりは、手ごろなハイキング・コースになっているという。

秋本和彦・土田勝義『スイス・フラワートレイルの旅』には、つぎのような一節がある。

「湖の西岸を南へ進むとトンネルがあった。トンネルをぬけると、そこは花園だった。・・・・・・・・。南端の湖尻は、なだらかな谷すじが広がり、草原のなかにさまざまな花が咲いている。ゆっくり花を探したり、弁当を広げたくなる場所だ。」

コースぞいには、スイス・アルプスの三銘花のひとつ、アルペン・ローゼも多いという。ローゼというが、バラではなく、ツツジ科である。樹高三〇～一〇〇センチの低木で、夏に赤い花を咲かせるという。きっと、バラのような、大輪の花なのであろう。スイスの花図鑑でしらべてみると、これはシャクナゲの仲間であった。日本もそうだが、東アジアの高山帯には、シャクナゲの種類が多い（とくに中国雲南省はシャクナゲの宝庫）。しかるに、ヨーロッパの山には、シャクナゲはこの一種しか存在しない。ヨーロッパの山は、土壌がアルカリ性で、ツツジ科植物（酸性土壌が好き）に嫌われているのではないか、と思う。ヨーロッパでよくみられるツツジといえば、荒原に群落を形成するエリカの仲間ぐらいである。

シャクナゲは毒樹で、牛は食べない。スイスの山でシャクナゲが繁栄しているのは、牛に食べられないことも関係しているのではないか。これは、屋久島でシャクナゲが繁栄しているのと似ている。屋久島はシカ天国で、それがシャクナゲ天国を造った、と私はみている。
風景写真をみての印象であるが、スイスの高原には、低木群落が少ないようにみえる。それは、寒冷気候によく適応し、高山帯に群落を形成するツツジ科の低木が少ないから、ではないかと思う。そのおかげだろうか、草本群落がよく発達している。学研『世界のワイルド・フラワー①』には、つぎのような一節がある。

「スイスの花で第一に挙げなくてはならないのが、山麓の《アルプ》と呼ばれる草原の美しさである。六月下旬に乾草用に刈り取られるまえの牧草地は、一面に咲くキンポウゲやフウロソウなどの花に染められる。」

じつは、キンポウゲも毒草で牛は食べない。日本の牧場でも、牛の放牧をつづけると、ウマノアシガタなど、キンポウゲ科の草が増えてくる。フウロソウは、ゲンノショウコの仲間で、これは薬草である。薬草は、もともと毒草だから、牛は食べないのではないか。しかし、毒草も、乾草にしてしまえば、牛の餌になるのかもしれない。あるいはフウロソウは、牛の胃腸の薬になっているのかもしれない。
放牧の研究者から聞いたことがある。「牛は、栄養価のある牧草ばかり食べていると、下痢をおこす。そうすると、牛は野草を食べるようになる。そして下痢は止まる」と。野草の毒が、下痢の原因となる腸内のわるい細菌を殺すのではないか。これは、私の推測である。牧場のフウロソウは、そんな働きをしているのかもしれない。

スイス・アルプスの高原の美しい草花は、みんな、毒草ではないか、と思う。しかし、牛にとっては毒草であっても、蝶にとっては蜜源植物である。スコッチベニヒカゲは、そんな美しい花園をすみ家としている蝶なのである。ザース・フェーの草原を歩くと、スコッチベニヒカゲに会える。Iさんのメモ書きには、「この蝶が一番多かったです。止まっていると安心し、近づくと、さっと逃げてしまいます」とある。Iさんが歩いた季節は七月下旬であった。

ヨーロッパの蝶蛾図鑑によると、スイスの高原では、スコッチベニヒカゲの発生は八月にピークを迎えるという。蝶の飛翔がみられるのは、日光のよくあたるときのみである。名前とは逆に、日光を好む蝶である。ベニヒカゲはキク科の花に好んで集まるという。スイス高原の花旅も、盛夏の晴れた日であれば、スコッチベニヒカゲに会える確率が高い。花といっしょに蝶も観察すれば、スイスの花旅も、いっそう楽しいものとなるだろう。(注)

(注) スイス・アルプスの花リスト

①リンドウ科：ゲンチアナ属一〇種（アルプスリンドウ *Gentiana alpina* など）

②キク科：エーデルワイス *Leontopodium alpinum*、ノコンギク属数種（アルプスノコンギク *Aster alpinus*、など）セネシオ属数種、ウサギギク属数種

③キキョウ科：イワギキョウ属数種、ヒメシャジン属数種

④マツムシソウ科：アルプスマツムシソウ *Scabiosa lucida*

⑤マメ科：アルプスミヤコグサ *Lotus alpinus*、ツメクサ属数種、オヤマノエンドウ属数種、イワオウギ属

⑥キンポウゲ科：ミヤマキンポウゲ属数種、ニリンソウ属数種、オキナグサ属数種

⑦タデ科：イヌタデ属数種（イブキトラノオ *Polygonum vurgalis*、ムカゴトラノオ *P. viviparum*、など）

ほかに、サクラソウ科、スミレ科、ユキノシタ科など多種。

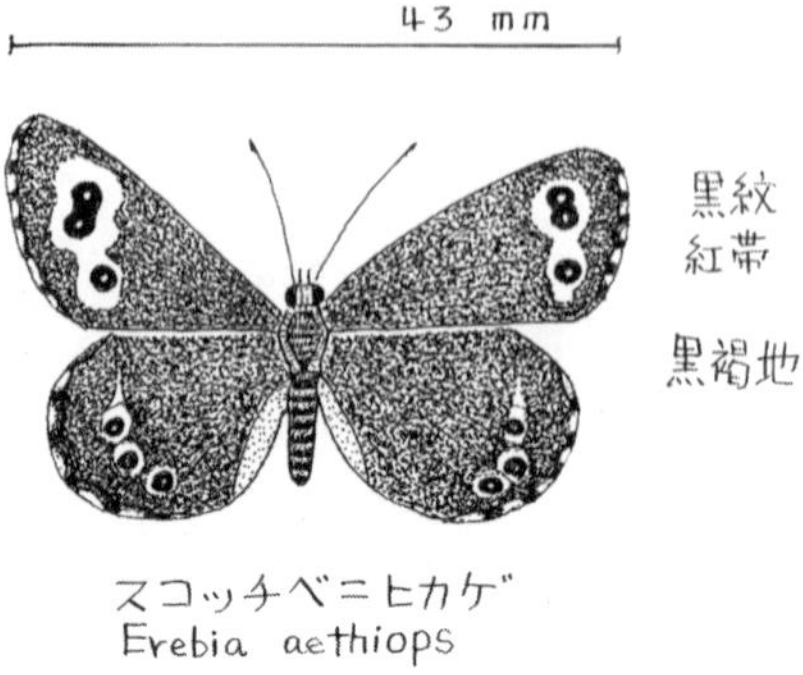

図101 スコッチベニヒカゲ

スコッチベニヒカゲ—形態と分布—

スコッチベニヒカゲは、学名を*Erebia aethiops*、英名をScotch Argusという。イギリスではスコットランド地方に多く生息しているのだろう。スコットランドは、寒冷な、草原の国である。Argusとは、ギリシア神話の、百の目玉をもつ神・アルゴスのことであるが、蝶ではジャノメチョウ・ヒカゲチョウの仲間をさす。

写真の蝶を、ルーペで確かめながら、スケッチしてみた。羽は、地が黒褐色、前羽外縁にそってやや幅の広い紅帯がたてにとおり、なかに黒っぽい円紋が三つならんでいる。円紋のなかには、微小の、青みをおびた白点が瞳のように光っている。後羽外縁にもほそい紅帯があり、なかに小さな円紋が三つならんでいる。両羽の開張は約四センチ、羽の模様も、大きさも、日本のベニヒカゲによく似ている（図101）。

ヨーロッパの蝶蛾図鑑によると、スコッチベニヒカゲは、草原・林縁・伐開地に棲み、平地から標高二〇〇〇メートルの高所にまでみられ、ベニヒカゲ属のなかでは、もっとも個体数が多く、分布の広い種、とある。さらに、小アジア（地中海と黒海にはさまれた半島）、コーカサス（黒海とカスピ海にはさまれた地域）、ウラル山脈（ロシア西部）から中国西北部のアルタイ山脈にまで分布を広げている。

日本のベニヒカゲ　―どこで会える？―

①本州では高山蝶

スコッチベニヒカゲが、スイスの高原で手軽に会えるのなら、日本のベニヒカゲは、いつごろ、どこに行けば会えるのだろうか。じつは、日本のベニヒカゲは、そう簡単には会えないのである。本州では高山蝶だからだ。しかし本州でも、いるところには、いるようだ。

堀　勝彦『高山のチョウ』によると、ベニヒカゲは、たとえば、上高地では八月上旬に、八ヶ岳の麦草峠では八月中・下旬に、発生のピークを迎えるという。麦草峠では、林道ぞいでも、花を求めて舞うベニヒカゲの姿がみられる。ベニヒカゲの好きな花は、マツムシソウ、アキノキリンソウ、オタカラコウ、アザミ類、クガイソウ、シモツケソウ、シシウドなど、とある。麦草峠は、北八ヶ岳のひとつ・縞枯山《しまがれやま》への展望場所でもある。車で行けるので、季節を選べば、縞枯れの写真を撮るついでに、ベニヒカゲの写真も撮れるかもしれない。

②学名

日本のベニヒカゲは、学名を*Erebia niphonica*という。学名どおり呼べば、ニホンベニヒカゲということになる。それで、本章では、世界的

（注）日本には、もうひとつ、クモマベニヒカゲという種がいる。ベニヒカゲより高所にすみ、個体数は少なく、分布域もせまい。学名は *Erebia ligea* という。

図102　ニホンベニヒカゲ（月山、H. Kida 撮影）
カラー口絵㉜参照

視野でみるときは、ニホンベニヒカゲという和名を使うことにしたい。（注）

③ニホンベニヒカゲの亜種

ニホンベニヒカゲは、日本では北海道と本州に分布し、国外では、朝鮮半島北部とサハリン南部に分布する。つまり、日本海を囲む地域がニホンベニヒカゲの分布圏、ということになる。北海道では、低山帯から高山帯まで広く生息しており、サハリンでは平地にもみられる、という。

本州では、高山蝶の仲間に入っている。東北地方では、早池峰《はやちね》、和賀《わが》岳《だけ》を北限として、焼石、鳥海《ちょうかい》、月山《がっさん》、朝日、飯豊《いいで》に、関東北部から中部にかけては、高い山ならどこにでも、生息している。そして、山ごとに、羽の模様が少しずつ異なるので、かつては二〇もの亜種に分けられていたが、現在は北海道・サハリン亜種と本州亜種の、二亜種にまとめられている。

北海道産と本州産が別亜種になっている、ということは、それぞれ、日本に入ってきたルートが異なることを示している。すなわち、本州産は朝鮮半島経由で来たものであり、北海道産はサハリン経由で来たのであろう。（詳しくは後述）

ニホンベニヒカゲとスコッチベニヒカゲの別れ道

①ニホンベニヒカゲのふるさとは、どこ？

ニホンベニヒカゲは、ヨーロッパのスコッチベニヒカゲと近い親戚関係にある。とすれば、両者は、共通の先祖から分かれたもの、と考えてよいだろう。ではその共通の先祖とは、なにものだろうか。

青山潤三『中国のチョウ』によると、ニホンベニヒカゲに近い種が二種存在する。ひとつは、中国西部からチベットにかけての山岳地帯に生息するチベットベニヒカゲ *E. alemena* であり、もうひとつは、アルタイ山脈からシベリア東南部・中国東北部をへてカムチャッカにまで分布しているキタベニヒカゲ *E. neriene* である。

青山によると、ニホンベニヒカゲとチベットベニヒカゲは、類縁性が濃く、共通の先祖から分かれた同族集団であり、キタベニヒカゲとは、やや離れた位置にある、という。しかし、朝日純一・ほかは、『サハリンの蝶』という本のなかで、ニホンベニヒカゲはキタベニヒカゲと同一の種として扱っている。

また、最近入手した王直誠『東北蝶類誌』（中国東北部の蝶）の記載を読んでみると、ニホンベニヒカゲはキタベニヒカゲ（中国のベニヒカゲ）とおなじ種であり（朝日らの見解とおなじ）、そのキタベニヒカゲは、ヨーロッパまで分布を広げている、とある。つまり、ヨーロッパのスコッチベニヒカゲも、日本のベニヒカゲも、みんな中国のキタベニヒカゲとおなじ種、とみなしている。中国からみると、そうみえてくるらしい。

研究者によって見解は異なるが、これら四種のベニヒカゲは、別種としても、ごく近い親戚であることには、変わりない。つまり、これら四種のベニヒカゲは、いわば「ベニヒカゲ一族」で、共通の先祖から分かれた同族集団とみてよいだろう。

では、ベニヒカゲ一族の発祥の地は、どこだろうか。それは、ニホンベニヒカゲとスコッチベニヒカゲを結びつけるところ、つまり、チベットベニヒカゲの棲むところ、であろう。その場所は、中国西部からチベットあたりの山岳地帯、ということになる。

②ニホンベニヒカゲの日本へ来た道

このような考え方もとづいて、ニホンベニヒカゲの日本へ来た道を考えてみる。

ニホンベニヒカゲの先祖は、ふるさと（中国西部の山岳地帯）を出発し、進路を東北にとる。華北の山岳地帯をとおり、東北部の大興安嶺・小興安嶺から海岸に出て、朝鮮半島北部（長白山脈）～ロシア沿海州

（シホテ・アリニ山脈）に居を構える。そして、この地域の環境に適応し、ニホンベニヒカゲに生まれ変わる。時代は、氷河時代が来るすこしまえ、第四紀の初期（洪積世）のころ、と私は推測している。

その後、氷河期がやってくると、大陸のニホンベニヒカゲの集団は、一部は朝鮮半島を南下して日本本州に入り、一部は沿海州あたりからサハリン・北海道に入る。そして、温暖期になると、また、おなじ道を北上して、ふるさとに帰るのだが、一部のものは、帰り道をまちがえて、本州の高山帯に上り、一部のものは北海道の山地帯に上って、そこに日本個体群（本州亜種と北海道亜種）を形成する。こう考えてみると、ベニヒカゲの本州亜種の歩いた道は、ミヤマシロチョウの歩いた道（西口『森と樹と蝶と』）と、よく似ている。

③スコッチベニヒカゲの分かれ道

ニホンベニヒカゲとは別のコースをとおって、ふるさと（中国西部山岳地帯）を出たグループがいる。そのグループは、進路を北西にとり、ゴビ砂漠の西をとおって、アルタイ山脈に到達する。そこで二群に分かれる。ひとつは、西に進路をとり、途中、ウラル山脈を越えてヨーロッパに入り、その地の環境に適応してスコッチベニヒカゲとなる。もうひとつは、アルタイから東北に進路をとり、シベリア東南部から中国東北部にかけての草原地帯を支配して、キタベニヒカゲとなる。この道は、北海道のエゾシロチョウが歩いた道と似ている（西口『森の動態を考える』）。

エレビア属元祖の誕生地は、どこ？

ニホンベニヒカゲのふるさと（発祥の地）は、中国西部の山岳地帯とみた。私の、日本の蝶のルーツ探しは、いつもなら、ここで終わるのだが、ベニヒカゲの場合は、もうひとつ、気になることがあった。エレビア属（ベニヒカゲ属）が、日本では二種しか存在しないのに、ヨーロッパには四〇種ほどいて、大繁栄していることである。ヨーロッパが、どうして、ベニヒカゲ天国になったのか。そのなぞが、ずっと、私の頭にひっかかっていたのである。その「なぞ」を解くためには、どうしても、エレビア属のルーツを追跡しなくてはならない。そこで、エレビア属の元祖を探しに、思いきって、未知の世界に飛びこんでみることにした。

まずはじめに、エレビア属の個々の種が、現在、世界中のどこに、どれほど（種数）、分布しているのか、しらべてみた。ルイス『原色世界蝶

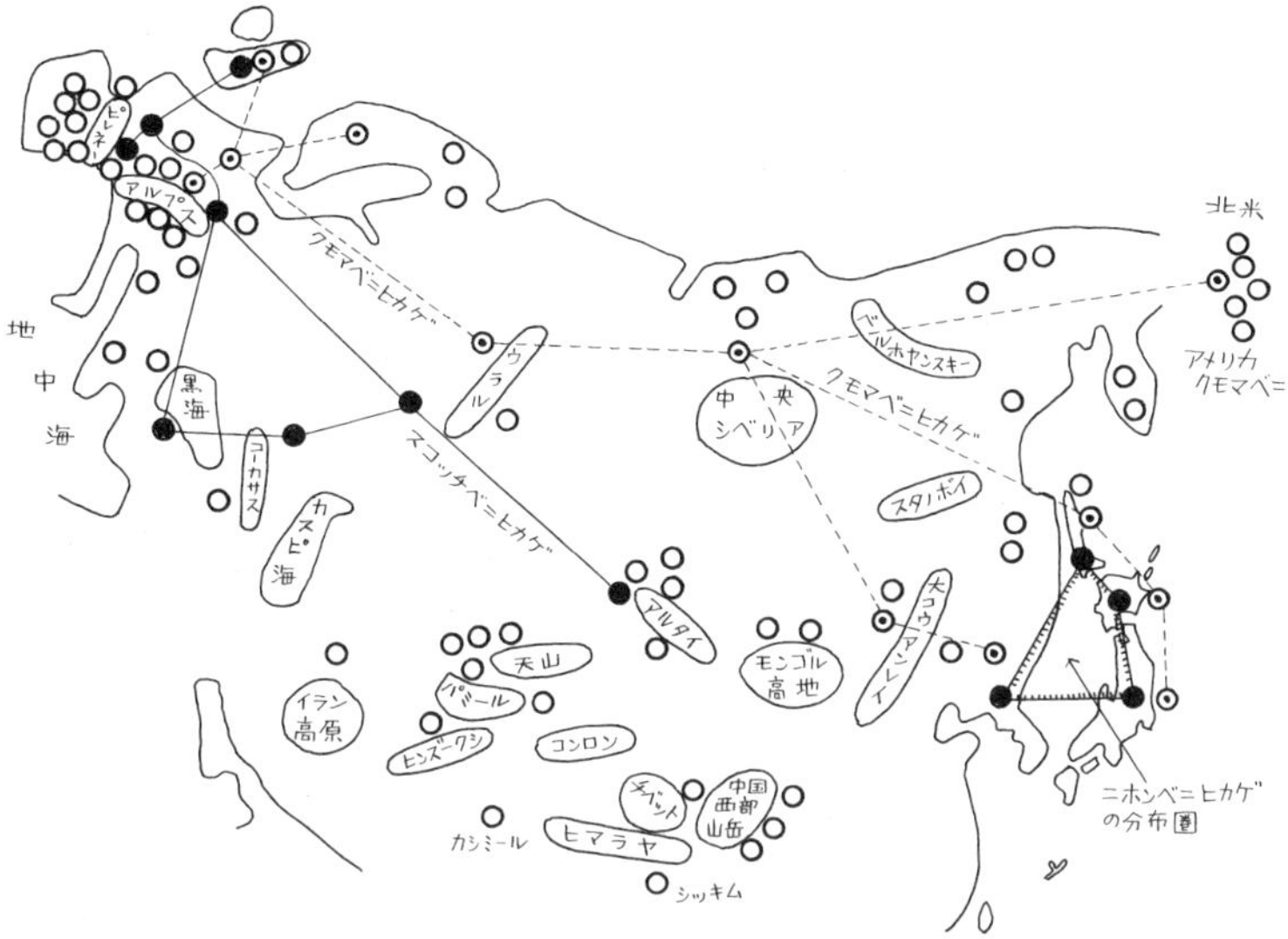

図103　エレビア属の種分布

類図鑑』には、ヨーロッパに二五種、アジアに一九種、北アメリカに四種が記載されていた。これらの種別の分布地点を、おおざっぱではあるが、世界地図上に落としてみた。それが図103である。この分布図をみると、二箇所に種の集中がみられる。ひとつはヨーロッパで、それもアルプスとピレネー山脈に中心がある。もうひとつは、中国西部から中央アジアにかけての山岳地帯である。

私は最初、種数の多さから、エレビア属の発祥の地はヨーロッパと考えた。しかし、中央アジアにも種の集中がみられる。もし、ヨーロッパをエレビア属の誕生地とすれば、中央アジアでの種の集中をどう考えたらよいのか。いろいろ考えてみたが、納得できる説明がみつからない。逆に、中央アジアをエレビア属のふるさととすれば、ヨーロッパでの種の集中が説明できない。

ああでもない、こうでもない。なんべんも、世界地図を眺めながら苦悩していて、あるとき、突然、ひらめいた。それは、つぎのような考え方である。ヨーロッパ群と中央アジア群を結びつける第三の場所、つまり、トルコの山岳地帯、そこがエレビア属元祖の誕生地ではないかと。

エレビア属の第一次拡散 ―高山・山岳が形成された時代―

エレビア属元祖の誕生地がトルコの山岳地帯として、エレビア属は、ここから、どのように分布を広げ、多種に発展していったのであろうか。私は、つぎのように推理してみた。

元祖エレビアの一部は、トルコの山岳地帯を東進し、イラン高原をとおってアフガニスタンに入り、さらにヒンズークシ山脈から中央アジアの高い山やまに分散・適応して、多種化する。かくして、「中央アジア・ベニヒカゲ集団」が形成される。

別の一部は、トルコの山岳地帯から西進し、バルカン半島の高原地帯をとおって南ヨーロッパに入り、アルプスやピレネーの高い山やまに分散・適応して、多種化する。かくして、「ヨーロッパ・ベニヒカゲ集団」が形成される。

元祖エレビアが、ヨーロッパと中央アジアに分かれて、種の二大集合地域を形成した経緯を、私は、このように推測してみた。この拡散時期を、「エレビア第一次拡散」と呼びたい。この時期は、ヒマラヤ造山活動が活発化し、ヨーロッパではアルプス・ピレネーが、中近東ではトルコ・イランの山岳・高原地帯が、そして、中央アジアではヒンズークシ・ヒマラヤ・コンロン・天山・チベットなど、高い山岳と高原が広範囲に出現してくる時期である。年代でいうと、いまから二〇〇〇万年ぐらいまえ、新第三紀のはじめごろ、ではないか、と推測する。

エレビア属の第二次拡散 —北方地域に草原が拡大する時代—

ヨーロッパと中央アジアの高山山岳地帯にエレビア属の種の集中がみられる。その一方で、より北方の地域にも、エレビア属の種の軽い集中がみられる。小野決『シベリアの蝶』によると、エレビア属は、シベリアに一九種、サハリンに五種が記録されている。この、北方地域への拡散を、「エレビア第二次拡散」と呼びたい。この第二次拡散の発進源は、前述のヨーロッパと中央アジアの二箇所である。

このころ、地球の寒冷化が進み、それまで周北極圏で生活していた暖地系の生きものは南方へしりぞき、その跡地に生きもの空白地帯が生じる。一方、地球の寒冷化に適応する形で、耐寒性を身につけた生きものが、ぞくぞく誕生してくる。そして、その空白地帯を埋めていく。

空白地帯を最初に占めたのが草本植物であろう。そして草原が発達すれば、草原の蝶・ベニヒカゲにも発展のチャンスがうまれてくる。このような形で、北方地域に、新しい草原と蝶の社会が形成され、広がっていく。時代は、おそらく、新第三紀中新世の後期から末期にかけてで、いまから一〇〇〇万年ほどまえ、ではないかと私は推理するのである。

元祖エレビアは、どこからやってきた？ ―地中海沿岸―

ベニヒカゲ属（エレビア属）の元祖を探していたら、トルコの山岳地帯に到達してしまった。ここで止めておけばよいものを、私の興味と推理は、勝手に、どんどん広がっていく。そしてここでも、新しい疑問が湧いてきたのである。トルコの山岳地帯で誕生した元祖エレビアは、そもそも、「なにもの」から変身したのであろうか、それは、どこからやってきたのだろうか。

ここで思い出す。中央アジアの山岳地帯で繁栄している華麗な高山蝶・パルナシウス（アゲハチョウ科ウスバシロチョウ属）が、地中海沿岸の平地帯に生息するシリアアゲハ（原始的なアゲハチョウ）から誕生したことを。シリアアゲハは、現在もなお、ブルガリア、ギリシア、トルコ、シリアなどの、地中海沿岸地域で生きつづけている蝶である。私はこの蝶に「アゲハチョウの始皇帝」という尊称をあげた。

始皇帝・シリアアゲハからパルナシウスが誕生したいきさつは、こうだ。いまから三〇〇〇万年まえにはじまったヒマラヤ造山活動によって、地中海周辺にも高い山脈が形成される。そして、地中海沿岸の低地帯の「森」で生活していたシリアアゲハの集団のなかに、好奇心の旺盛な若者がいて、新しくできた山岳に登る。山に登ると、餌植物のウマノスズクサがなくなる。そこで、高山に生えているキケマン属（ケシ科）に食餌転換し、自らもパルナシウスという高山蝶に変身していく（西口『森と樹と蝶と』）。

これと、まったく同じことが、ベニヒカゲでもおきたのではないか、と思う。地中海沿岸の低地帯の「草原」（森ではない）で生活していた「原始ジャノメチョウ」の一部が、新しくできた山に登り、高原という環境に適応して、変身・誕生したのが「元祖エレビア」である、と私は考えるのである。

では、地中海沿岸の低地帯草原に棲んでいた「原始ジャノメチョウ」とは、どんな蝶なのか。そのなぞめいた存在を推理するために、私が目をつけたポイントは、

①系統的には、エレビア属に近い属、
②羽の模様がベニヒカゲに似る、
③地中海沿岸の低地帯に生息する、
の三つの条件をみたすものである。そんな見方で、ルイス『原色世界蝶類図鑑』のページを一枚一枚めくっていった。該当する蝶は、地中海沿岸ではみあたらず、なんと、アフリカ南部で、たくさんみつかった。そのうち、とくに興味あるものとして、つぎの二種をあげたい。

(a) *Ypthima triopthalma*（マダガスカル産）マダガスカルベニヒカゲ(仮称)、

(b) *Pseudonympha trimeni*（南アフリカ産）アフリカベニヒカゲ。

前記の蝶は、ベニヒカゲという和名がつけてあるが、エレビア属ではない。正しくはニセベニヒカゲと呼ぶべきものであろう。考えてみれば、これらアフリカ南部のニセベニヒカゲたちは、もともと、暖かい地中海沿岸の草原で誕生したものだろう。その一部がのち、アフリカのサバンナ・草原地帯をとおってアフリカ南部まで分布を拡大したのではないか、と想像する。現在、地中海沿岸で原始ジャノメチョウがみられないのは、あとから出現してきた進化ジャノメチョウ群に滅ぼされてしまったからだ、と思う。

地中海って、なにもの？

前著で、中央アジア山岳地帯の蝶・パルナシウスのルーツを追っていて、トルコ・シリアに生息するシリアアゲハに到達したとき、「なぜトルコ？、なぜシリア？」という、ちょっとした疑問を感じたが、「地中海」という認識は湧いてこなかった。

今回、高山草原の蝶・ベニヒカゲのルーツを追っていて、図らずもまた、トルコ山岳地帯に到達してしまった。今度は、地中海が関係している、という、かなり確信に近い感触を得た。そして、「地中海って、なにもの？」という疑問が、はっきりした形となって、浮かび上がってきた。

考えてみれば、古第三紀のころ、いまから三〇〇〇～五〇〇〇万年まえ、地球は、北極地方まで温暖で、造山活動も活発ではなかった。ヨーロッパは、北から南まで、森林一色に覆われていた。環境は、単純で、安定しているから、新しい生きものは誕生してこない。

そんな状況のなかで、地中海周辺は、熱帯的な気候と、海の影響もうけて、多様な環境条件にめぐまれていた。それが、新しい生きものを誕生させる場所となっていたのではないか。また、暑いうえに、ひどく乾燥する場所もあって、そんな場所では、森林は成立せず、乾燥草原が発達し、そんなところが、草原の蝶の新しい種の誕生場所になっていたのではないか。私は、地中海沿岸の存在意味を、おおざっぱではあるが、このように解釈して、納得できた。

私の、ベニヒカゲのルーツ追跡の旅は、地中海に到達したところで、いったん、休憩に入りたい、と思うが、じつは、思わぬところから、ルーツ追跡の旅が、また再開されることになる（12章へ）。

後編　ベニヒカゲの餌植物

ひとつの疑問
―ベニヒカゲの餌植物は、日本とヨーロッパで異なる、なぜ？

前編では、ベニヒカゲのルーツ追跡で、世界中を駆け巡ってきた。少々疲れたので、後編では、視点を、ベニヒカゲの餌植物に移したいと思う。緑の植物を、見たり考えたりすることで、私の目も頭も、癒されることだろうから。

ベニヒカゲの餌植物については、最初からひとつの疑問を感じていた。スコッチベニヒカゲとニホンベニヒカゲは、ごく近い親戚関係にある

（中国の蝶類研究家は同種とみている）。にもかかわらず、ヨーロッパと日本では、食草（幼虫の餌植物）の種類が異なる。

ヨーロッパの蝶蛾図鑑によると、スコッチベニヒカゲの食草は、イネ科 *Molinia* 属（ヌマスゲの仲間）と *Dactylis* 属（オーチャードグラスの仲間、日本には自生せず、牧草として導入されている）、とある。一方、日本の蝶類図鑑によると、ニホンベニヒカゲはイネ科ノガリヤス属 *Calamagrostis*（イワノガリヤス、ヒメノガリヤスなど）と、カヤツリグサ科スゲ属 *Carex*（ミヤマカンスゲ、ヒメカンスゲ、タニスゲ、ショウジョウスゲなど）を食餌にしている。ヨーロッパと日本で、ベニヒカゲの食草が異なる。これは、なにを意味するのだろうか。

これは、それほど困難な問題ではない。私はすでに、似たような問題に出会っている。たとえば、コミスジという蝶は、日本個体群はクズ・フジ・ヤマハギを食餌にしているが、ヨーロッパ個体群はレンリソウ属（スイートピーの仲間）を食餌にしている（1章）。どちらもマメ科だから、餌植物としてはおなじ価値がある。ただ、日本は森林国で、林縁にクズ・ヤマハギが、林内にはフジが多く、一方、ヨーロッパは草原の国で、レンリソウの仲間が多い。コミスジは、その地域に豊富に存在する植物——マメ科で、おいしい葉をもっているもの——を選択しているだ

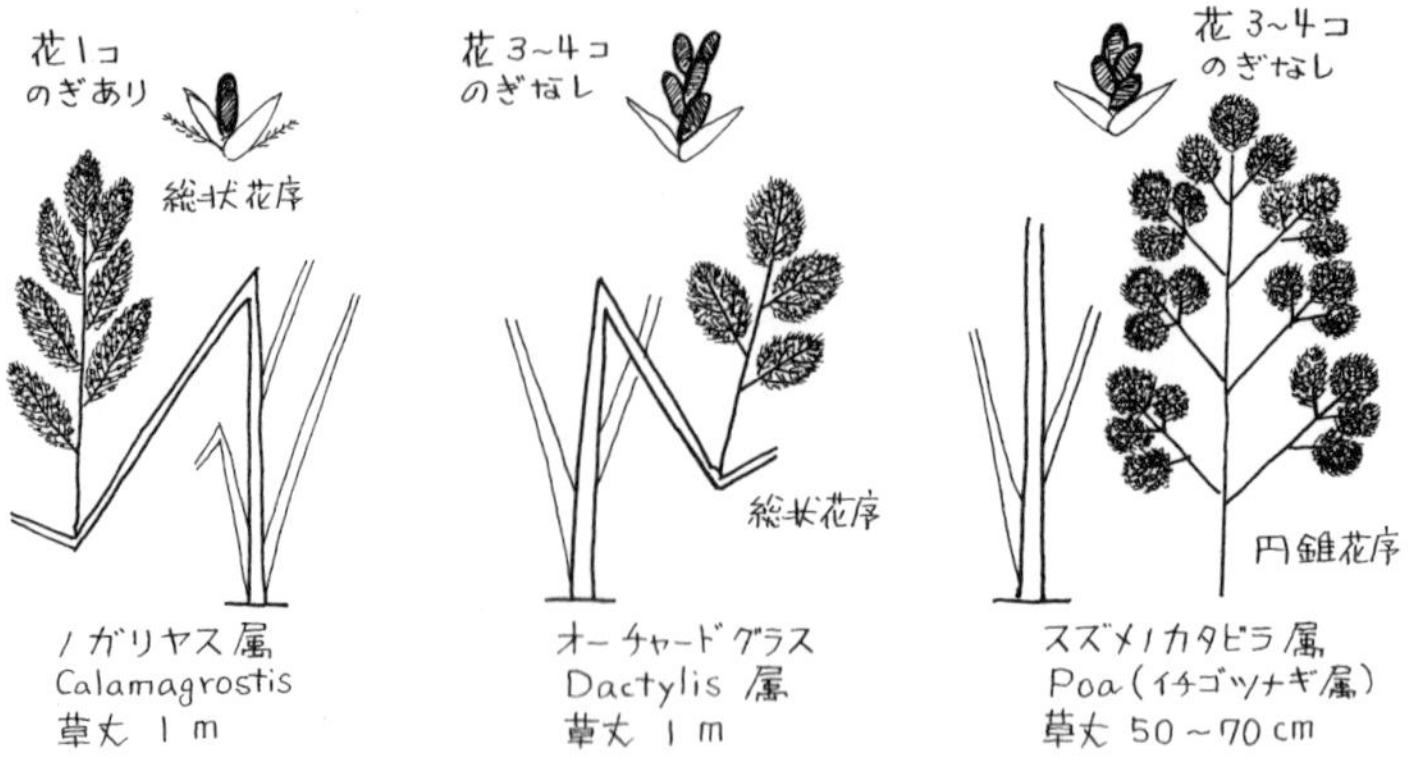

図104 ベニヒカゲ類の餌植物

け、といえる。

コミスジのように、ヨーロッパから東アジアの日本まで、広く分布する蝶は、活力のある、進化した蝶と思われる。そんな蝶は、みんな、餌植物を容易に転換していく力がある。だから、広域分布種になれるのである。ベニヒカゲも、そんな活力をもっているようだ。

前述のように、ニホンベニヒカゲは、食餌のひとつとして、イネ科ノガリヤス属を利用しているが、ここでまた、別の疑問が湧いてくる。ニホンベニヒカゲが、多種類のイネ科草が存在するなかで、どんな理由から、ノガリヤス属を選択したのか、という疑問である。

私は最初、高山帯に自生するイネ科草のなかで、ノガリヤス属は、葉が柔らかく、味もよく、ベニヒカゲの嗜好にあったからだ、と単純に考えていたのだが、それだけでは、どうも説得力に欠ける。そこで、利用しやすさ、つまり、現存量の豊かさ、という観点からみなおしてみた。

そもそも、日本の高山帯には、ノガリヤス属のほかに、どんなイネ科草が、どのていどの量で、存在するのだろうか。山渓のカラー図鑑『日本の高山植物』をしらべてみた。日本の高山帯に自生するイネ科社会は、一一の属から構成されており、そのなかで、種数がもっとも多いのは、ノガリヤス属の八種で、ついでスズメノカタビラ属四種、ウシノケグサ属三種とつづくが、あとの属はすべて、一〜二種にすぎなかった。つまり、ノガリヤス属は、高山帯イネ科草社会のなかでは、種数が圧倒的に多く、だからおそらく、現存量ももっとも豊かな草群、と考えてよいだろう。ベニヒカゲが餌としてノガリヤス属を選択したのは、高山帯に、もっとも豊富に存在する草であることも、理由のひとつではないか。私は、こう考えて、納得できた。

カヤツリグサ科については、私は、こう考える。カヤツリグサ科は、イネ科とは科が異なるが、蝶にとっては、栄養的にも、味覚的にも、毒成分がない点からも、おなじような価値をもつ草だと思う。だから、ジャノメチョウ科だけでなく、シジミチョウ科でも、セセリチョウ科でも、イネ科を食餌にしている蝶は、同時にカヤツリグサ科も食餌にしているものが多いのである。

カヤツリグサ科のなかでは、スゲ属 *Carex* の種数が圧倒的に多いから、ベニヒカゲにとっても、スゲ類は利用しやすい草といえる。しかし、スゲ属であればなんでもよい、というものではないだろう。ベニヒカゲは、おそらく、スゲ類のなかから、葉が柔らかくて、おいしいもの——ミヤマカンスゲ、ヒメカンスゲ、タニスゲ、ショウジョウスゲなど——を、食餌として選択しているのではないか、と思う。

ただ、カヤツリグサ科は、基本的には湿原の植物で、乾燥草原に出てくるイネ科とは、生活場所が異なる。だから、湿原でも平気な蝶にとっては食餌になるが、湿原が嫌いな蝶にとっては、利用しにくいだろう。ベニヒカゲは、どうやら、湿原でも平気なようだ。

ジャノメチョウ科全体の食草──日本とヨーロッパの比較──

スコッチベニヒカゲはイネ科のオーチャードグラスを好んで食べており、ニホンベニヒカゲはイネ科ノガリヤス属とカヤツリグサ科スゲ属を好んで食べている。両者の食性のちがいは、スコッチベニヒカゲが生息しているヨーロッパの自然草原が、オーチャードグラスのような、牧草を中心にしたイネ草で構成された乾燥草原であること、一方、ニホンベニヒカゲが生息している日本の高山帯草原は、ノガリヤス属やスゲ属で構成された湿性草原であること、を反映しているのだ、と思う。

これは、いまのところ、私の単なる推測にすぎないが、もしこれが真実なら、おなじような現象が、ジャノメチョウ科（ベニヒカゲもその一員）全体についても、あてはまるにちがいない。そう考えて、手元にあるヨーロッパの蝶蛾図鑑（二冊）と日本の蝶類図鑑から、記載されているジャノメチョウ科全種について、その食草をしらべてみた。

日本のジャノメチョウ科二五種（希少種や食草不明種は除く）について、主要食草別に（イネ科とカヤツリグサ科の両方を食べるものは、どちらか好きなほうを、蝶に代わって私が選ぶ）、蝶の種数を数えると、左記のようになった。

① タケ科メダケ属・ササ属を食べる　六種
② カヤツリグサ科スゲ属を食べる　九種
③ スゲ属以外のカヤツリグサ科を食べる　〇種
④ イネ科ノガリヤス属を食べる　四種
⑤ ノガリヤス属以外のイネ科を食べる　六種
計　二五種

おなじように、ヨーロッパ種二三種について、主要食草別に、蝶の種数を数えてみると、左記のようになった。

① タケ科メダケ属・ササ属を食べる　〇種
② カヤツリグサ科スゲ属を食べる　〇種
③ スゲ属以外のカヤツリグサ科を食べる　一種
④ イネ科ノガリヤス属を食べる　〇種
⑤ ノガリヤス属以外のイネ科を食べる　二二種

計　一三種

日本のジャノメチョウ類の食草の範囲は、タケ科、イネ科、カヤツリグサ科と、多岐にわたる。イネ科でも、ノガリヤス属以外に、チヂミザサ属、ススキ属、アシボソ属、オオアブラススキ属、コメススキ属など、いろいろのススキ類も食草になっている。これらのススキ類は、コメススキ属を別として、もともと南方系のイネ科草で、ヨーロッパには存在しない。日本の草原植物社会は、基本的には東南アジア系なのである。そして、日本のジャノメチョウの社会も、主力は東南アジア系である。

一方、ヨーロッパのジャノメチョウ類で、タケ科を食べるものはいない。それは、タケ科がヨーロッパには自生しないからである。イネ科のノガリヤス属やカヤツリグサ科のスゲ属は、ヨーロッパにも存在する。にもかかわらず、ヨーロッパのジャノメチョウ類は、ほとんどが、イネ科の、いわゆる牧草と呼ばれている草を主食にしている。ジャノメチョウ科のなかには、ヨーロッパと日本の両方に分布する、日欧共通種が数種存在するが、やはり、ヨーロッパ群はイネ科の牧草を、日本群はスゲやノガリヤスを主食にしている。

ヨーロッパのジャノメチョウ類で、ノガリヤス属やスゲ属を食餌にしているものは、一種もいない。原因は、ヨーロッパに存在するノガリヤス属やスゲ属は、葉の硬いものばかりなのか、あるいは、現存量が、ジャノメチョウ類の生活を支えるほど十分には存在しないか、どちらかだと思う。

ヨーロッパのジャノメチョウ類の餌植物は、みごとに、イネ科の牧草に集中している。これは、なにを意味するのだろうか。ヨーロッパのジャノメチョウ類は、ほとんどが北方系で、だから、もともと、北方系の野生のイネ草を食餌にしていた、と思われる。しかし、現在の食性をみると、牧草になるイネ草（オーチャードグラス、メドーグラス、ライグラス、チモシー、カラスムギ、スズメノチャヒキなど）を、とくに好んでいるようにみえる。

これらの牧草類は、現在、ユーラシア大陸の温帯地域に広く分布しているが、もともと、自然条件下でも、現在のように、多量に、広範囲に、自生していたものか、疑わしい。人間が放牧をするようになって、牛の餌として好適な性質をもつイネ草が、牧草として育てられ、人の手によって、分布を拡大したのではないか。そして、おいしくて、栄養価の高い牧草が増えてきて、ジャノメチョウ類も、野生のイネ草から、徐々に、牧草に食餌転換していったのではないか。スイス・アルプスの高原で、スコッチベニヒカゲが大繁栄しているのは、人間による放牧がオーチャードグラスのような牧草を広めた結果ではないか。私はいま、このような考え方に到達した。

月山でベニヒカゲに出会う

この「ベニヒカゲ物語」の原稿を書きながら、私は、高山のお花畑で舞うベニヒカゲの姿を、一度、自分の目でみてみたい、という願望がだんだんつよくなってきた。東北のベニヒカゲは、いつごろ、どこでみられるのだろうか。本棚を探していて、一冊の本が目に入った。角田伊一『福島県の蝶』には、つぎのような文章があった。

飯豊山《いいで》のベニヒカゲは、「ミヤマタニスゲなどの群生する雪田のお花畑がお好みの場所で、澄みきった高山の稜線付近には、多数の個体が乱舞している」と。そして、八月のお盆のころが出現のピーク、とも書いてあった。なんでもない文章だが、私は、二つの言葉に、つよい興味を感じた。ひとつは「雪田」であり、もうひとつは「お盆」である。

飯豊山のベニヒカゲは、お盆のころ、出現のピークを迎える。この文章には、最初、おや?という感じをうけた。お盆といえば、もう夏も終わりのころである。高山帯では、まもなく、冬の北風がやってくる。ベニヒカゲの成虫だって、高山植物の花が咲き乱れる七月に出てきて、秋風が吹くまえには繁殖の仕事を済ませてしまったほうが、安心できるのではないか。なぜ、ベニヒカゲがお盆のころに出現のピークを迎えるのか。そのことが「なぞ」となって、私の頭のなかにくすぶりはじめた。ともかく、ベニヒカゲに会って、そのことを訊いてみなくてはならない。平成十六年の夏、ひとつの情報を得た。月山姥ケ岳でベニヒカゲがみられる、と。

翌年（平成一七年）の八月二十四日、私たち一行（NHK文化センター仙台教室）は、ベニヒカゲをみに月山へ出かけた。バスのなかでは、ベニヒカゲが、なぜ八月のお盆のころに出現するのか理解できない、という話をした。この年、八月中旬は、秋雨前線が日本海に居すわって、東北地方は不安定な日がつづいていたが、この日になってようやく前線が南下し、東北地方の日本海側は高気圧に支配されて快晴となった。山の神様は、私の願いを聞きとどけてくださったようだ。

ベニヒカゲは、晴れたときにのみ、飛ぶという。姥ケ岳の山頂一帯では、黒っぽい羽の蝶が、あちこちで、ひらひらと舞っていた。花にとまったところを、顔を近づけて、そっとみると、鮮やかな紅帯に黒紋がついていた。黒紋の中心には、小さな白点が瞳のように光っていた。ベニ

図105 ハイマツとミヤマキンバイとベニヒカゲ（月山 姥ヶ岳、K. Soneda 撮影）

ヒカゲだった。会いたい会いたいと、恋こがれていたベニヒカゲが、いっぱい見られた。感謝感謝。

八月も下旬になると、高山植物も、花が終わって実の季節となる。ベニヒカゲが吸蜜できる花が残っているだろうか。そんなことを心配していたのだが、実際は、姥ケ岳の山頂あたりはお花畑だった。ミヤマアキノキリンソウ、シロバナトウチソウ、キンコウカ、シラネニンジン、ヨツバシオガマ、ウメバチソウ、エゾオヤマリンドウ、タテヤマリンドウ、ウゴアザミ、ウサギギク、ハクサンフウロなどなど、いろいろな花が咲いていた。

ベニヒカゲの乱舞をみながら昼食をとる。午後は、牛首のほうへ、山の尾根すじを下っていった。尾根すじの下側には、あちこちに、スゲ（ショウジョウスゲ？）の草原が広がっていた。緑の葉群が風でそよそよと揺れている。このスゲ草原が、ベニヒカゲの幼虫のすみ家にちがいない。このあたり、いまでも窪地に雪が残っている。このような、湿った窪地がスゲ草原になっていることを知った。

山道をしばらく歩くと、道ばたに、スノキ、クロウスゴ、コケモモ、アカミノイヌツゲ、ミネザクラ、ミネカエデ、ミヤマネズ、ベニバナイチゴなどの、背の低い灌木が現われ、あたりの斜面はチシマザサの笹原

図106　八月下旬だというのにニッコウキスゲの花が一面に咲いていた（月山姥ヶ岳山頂あたり、K. Soneda 撮影）

となった。そんな場所では、もう、ベニヒカゲの姿はみられなくなった。

そういえば、リフトで登ってきたとき、姥ケ岳の周辺は、ニッコウキスゲが山肌を黄色く染めていた。ニッコウキスゲも湿原の植物である。この草は、栗駒山《くりこまやま》の世界谷地では六月下旬～七月上旬に花のピークを迎える。ところが、姥ケ岳では八月下旬になっても、ニッコウキスゲの花は、まだ鮮やかな黄色の状態にあった。

ここで、やっとわかった。姥ケ岳周辺は、八月が花の季節であることを。このあたりは、七月下旬になっても、斜面は雪だらけだそうだ。ベニヒカゲの生育するスゲの草原も、七月はまだ雪の下にあり、八月になって、雪がとけて、やっと、ベニヒカゲの成虫も羽化してこられるのである。

山道を歩いていると、道ばたにはイネ科草もみられるが、山の斜面はスゲ草のほうが圧倒的に多い。姥ケ岳のベニヒカゲは、食餌を、スゲに依存しているようである。そのスゲ類は、雪田のまわりに生えており、雪がとけてから、やっと新葉を伸ばしてくる。そして、ベニヒカゲの産卵を受けいれる準備ができる。（注）

ベニヒカゲの成虫は産卵に入るまえに、高山植物の花蜜をたっぷり吸って栄養をとる。姥ヶ岳の山頂あたりは、乾いていて、さまざまな高山

（注）イネ科草とカヤツリグサ科のスゲ類は似ているが、イネ科草は茎に節があること（笹のように）、茎の断面が円く、中空であること（スゲ類は三角形で中実）で、区別できる。

植物の花がみられた。ベニヒカゲにとって、スゲ草原とお花畑の両方が接続して存在するような場所が、繁殖の好適地となる。あちこちに万年雪が残っている月山は、ベニヒカゲの天国らしい。私は、月山に登って、はじめて、ベニヒカゲと雪田の関係を理解することができた。

図107　スゲ草とベニヒカゲ
(月山 姥ヶ岳、K. Iwama 撮影)

残った疑問 ―蔵王にはベニヒカゲがいない、なぜ？―

ベニヒカゲとスゲの関係が、東北地方の、日本海側の、高い山やまの、稜線近くに形成される雪田をとおして、結びついていることを知った。日本は、四方を海で囲まれた、湿性の島国である。とくに日本海側は豪雪地帯で、高い山の頂上付近には、夏でも、いたるところに雪田が残っていて、その周辺が高山性のスゲ類の絶好のすみ家となっている。そして、そんなところが、また、ベニヒカゲ天国となっているようである。これは、はなはだ日本的な風景ではないか。ニホンベニヒカゲの名にふさわしい光景ではないか。

私は月山に登って大満足していたが、帰り道、ふと、ひとつの疑問が湧いてきた。ベニヒカゲは、東北地方では、日本海側の、鳥海、月山、朝日、飯豊に生息しているのに、太平洋側の蔵王や吾妻山には生息していない。夏でも残るような雪田が少なく、スゲ草原の発達がよわいからだろうか。

なぜ蔵王や吾妻山にはベニヒカゲが生息しないのか。私はまだ、その納得できる理由を見つけられないでいる。ベニヒカゲ物語の最終段階にきて、「なぞ」が残ってしまった。しかし、問題が残ったことは、必ずしも悪いことではない。考えるべき問題がたくさんあることは、私にとっては、楽しいことなのだから。

12章　ゴンドワナ大陸へやってきた蝶

ミナミベニヒカゲ　―なぞを秘めた分布―

ニュージーランドのジャノメチョウたち

森林教室は、冬のあいだは休講にしている。そのあいだに、四月からはじめる講義の構想を練る。平成十五年のことである。新しい年に入って講義のための資料づくりをはじめていた。第一回目の四月のテーマは、「スイス・アルプスの花と蝶」とした。スイス・アルプスの高原をトレッキングしたとき、出会うかもしれない花と蝶を、図鑑や参考書をみながら、自分でスケッチして白紙に貼る、という作業をしていた。それをコピーしてテキストに使うのである。私の講座の受講生は、年配の女性が多い。山や高原をトレッキングするのが好きで、野草の見分け方は、私より詳しい。だから野草の話は、教材というより、私自身の勉強のためである。蝶の話をしていると、成虫の蜜源植物としての草花、幼虫の食餌としての野草、の知識が必要になる。私は、野草の知識に乏しい。そ

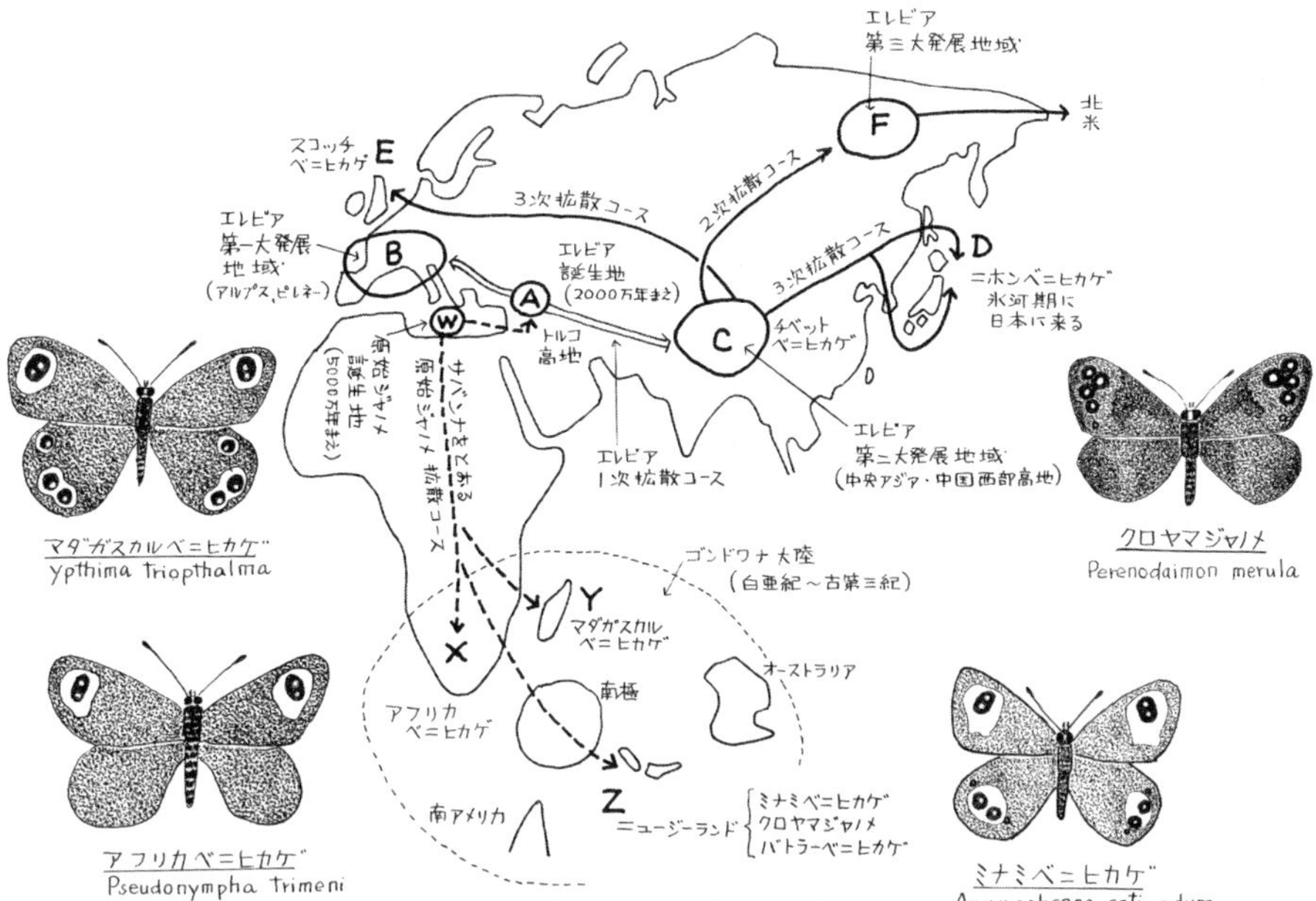

図108　ベニヒカゲの来た道

れでは蝶を語る資格がない。という反省もこめて、あえて、野草を講義のテーマに掲げたのである。教えることによって学ぶ、のである。四月の講義では、蝶の話とともに、アルペン・ローゼ（シャクナゲの一種）や、ゲンチアナ（リンドウ属）やエーデルワイス（ウスユキソウ属）の、みてきたような話をして、みなさんを煙に巻いた。

さて、話を蝶に戻そう。私は、第一回目の講義の準備作業のなかで、学研『オルビス学習科学図鑑・昆虫1』のページをめくっていた。「世界のジャノメチョウ」のページで、偶然、ミナミベニヒカゲの記事が目に入った。

「ミナミベニヒカゲ。ニュージーランドの特産種で、高山帯に分布する。本種はユーラシア大陸のベニヒカゲにひじょうによく似ている。ニュージーランドには、いろいろ生物分布上のなぞをひめたチョウがすんでいる」とある。

えっ、なんだ？　ニュージーランドにもベニヒカゲがいるのか。ミナミベニヒカゲは、エレビア属*Erebia*ではないけれど、エレビアにごく近い親戚らしい。私はすでに、アフリカ南部やマダガスカル島に、エレビア属に近いニセベニヒカゲ（アフリカベニヒカゲ、マダガスカルベニヒカゲ）が存在することに気づいていた（前章）。そのニセベニヒカゲたちに、ニュージーランドのミナミベニヒカゲを加えると、それらの蝶は、まさに、ゴンドワナ大陸の生きものではないか。(注)

ニュージーランドのミナミベニヒカゲの存在を知って、あらためて、アブレラ『オーストラリア地方の蝶』と、パーキンソン&パトリック『ニュージーランドの蝶と蛾』をしらべなおしてみた。ニュージーランドには、つぎの四種のジャノメチョウの存在することがわかった。

① *Argyrophenga antipodum*　ミナミベニヒカゲ

ニュージーランド南島に分布し、亜高山帯に生息する。羽の紋様は北半球のエレビアによく似ている。食草はイネ科スズメノカタビラ属*Poa*で、北半球のベニヒカゲの食草とおなじである。

② *Percnodaimon pluto*　クロヤマジャノメ

ニュージーランド南島に分布し、亜高山帯に生息する。以前の学名は*Erebia pluto*、つまり、エレビア属と考えられていた蝶である。

（注）ゴンドワナ大陸とは、中生代白亜紀から新生代古第三紀初期にかけて、北半球の大陸から分離して形成された、と推定される南の大陸で、南アメリカ南部、アフリカ南部、マダガスカル、ニューギニア、オーストラリア、ニュージーランド、南極大陸、などがひとつになって存在していた、と考えられている。この地域にだけ共通して、特異的な古生物が存在することから、この大陸説が生まれた。ニュージーランドやオーストラリアでは、この大陸説は広く受け入れられている。

③ *Erebiola butleri*　バトラーベニヒカゲ

ニュージーランド南島に分布する。食草はイネ科 *Chionochloa* 属。サザンアルプスの亜高山帯草原に生息し、晩夏、日光のよくあたるスノーグラス（イネ科ヌカボ属、スズメノカタビラ属など）の草原の上を、ゆっくり飛ぶ。この習性は、北半球のベニヒカゲによく似ている。

④ *Dodonidia helmsii*　モリジャノメ

ニュージーランドの南北両島に分布し、ミナミブナの森に生息する。食草はカヤツリグサ科 *Gahnia setifolia*（クロガヤの仲間）。

ミナミベニヒカゲのとおった道 ―海を渡ってゴンドワナ大陸へ―

前記四種のうち、①〜③は、北半球のエレビア属に近いもの、とみてよいだろう。つまり、ニュージーランドのミナミベニヒカゲと、北半球のベニヒカゲは、共通の先祖（原始ジャノメチョウ）から分かれた遠い親戚、という推測がなり立つ。私は、前章前編で、ベニヒカゲのルーツを追跡していて、南アフリカまでやってきた。前編では、そこで休憩をとったのだが、いま、ニュージーランドに、ミナミベニヒカゲという、興味ある蝶が存在することを知った。ここで休んでいるわけにはいかない。ベニヒカゲのルート追跡の旅をニュージーランドにまで伸ばさなければならない。そこでまた、推理と空想にふける日々がつづいた。そして得た結論は、つぎのようなものである。

地中海沿岸で誕生した原始ジャノメチョウは、一部は、トルコの山岳に登ってエレビア属（真正ベニヒカゲ）となる。また別の一部は、アフリカのサバンナ・草原地帯をつたって南下し、ゴンドワナ大陸に入る。そして、アフリカ南部でアフリカベニヒカゲとなり、マダガスカル島でマダガスカルベニヒカゲとなり、ニュージーランドに入ってミナミベニヒカゲとなる。これらは、ニセベニヒカゲである。

ゴンドワナ大陸は中生代白亜紀から新生代古第三紀初期まで存在していた。蝶の誕生は、新生代古第三紀、いまから五〇〇〇万年ほどまえと考えられている（加藤一九九三、『熱帯雨林』湯本より）。一方、福田・高橋『蝶の生態と観察』によると、中生代白亜紀には、蝶はすでに誕生していたとある。いずれにしても、北半球で誕生した原始ジャノメチョウが、古第三紀に、南半球のゴンドワナ大陸に入ったことは、まちがいあるまい。

ただし、疑問がひとつ残る。すでに北の大陸から分離していたゴンドワナ大陸に、原始ジャノメチョウが、どのようにして海を渡ってこられたのか、という疑問である。一般的には、北の大陸で生まれた、進化した生きものは、ゴンドワナ大陸には入れなかった、と考えられている。だから、学研の昆虫図鑑に書いてあるように、ニュージーランドのチョウの分布はなぞに包まれている、ということになる。

この難問を、いかに克服すべきか。いろいろ思考を重ねていて、突然、気づいた。問題は、ゴンドワナ大陸の考え方にあるのではないかと。ゴンドワナ大陸は、古第三紀の初期、蝶が誕生したころは、北の大陸と完全に分離していたのではなく、連続する島々によってつながっていたのではないか。植物や歩行性の哺乳動物は渡れなかったけれど、飛翔力のある蝶は、島々を経由して、北の大陸から南のゴンドワナ大陸まで、自力で、あるいは風に飛ばされて、渡ってくることができたのではないか。

こう考えてみれば、ミナミベニヒカゲの先祖が、ゴンドワナ大陸に上陸し、陸地づたいにニュージーランドまでやってくることは、可能である。その後、ゴンドワナ大陸は分裂し、先祖ミナミベニヒカゲはニュージーランドの高山帯にとり残される。そしてそれから、長い年月をへて、ミナミベニヒカゲ、クロヤマジャノメ、バトラーベニヒカゲの三種に分化した、と私は推理するのである。

モリジャノメの来た道 ―東南アジアの森をとおって―

では、モリジャノメは、どうなのか。モリジャノメは、ニュージーランド特産、ニュージーランドを代表する蝶である。ニュージーランドの切手にも登場する。前記三種のニセベニヒカゲ類にくらべると、モリジャノメは、羽の紋様も、生活の仕方も、やや異なる。前三者が草原の蝶であるのにたいして、モリジャノメは森の蝶である。『ニュージーランドの蝶と蛾』をしらべてみると、食草は、ミナミブナの森の林床に生えるクロガヤ属（カヤツリグサ科）、とある。

食草がカヤツリグサ科となると、モリジャノメがニュージーランドにやっていきたルートは、ミナミベニヒカゲとは異なるのではないか。モリジャノメは森の蝶だから、アフリカのサバンナ・草原地帯はとおりにくい。それに、乾燥大陸のアフリカには、イネ草はあっても、カヤツリグサ科の草は存在しないのではないか（これは私の推測）。

こう考えると、モリジャノメは、アフリカ経由ではなく、東南アジアの森林地帯をとおり、オーストラリア経由でニュージーランドに入ってきた、という推測がなり立つ。ニュージーランド、オーストラリア、東南アジアには、クロガヤ属（カヤツリグサ科）の草が広く自生しているから、モリジャノメの通行は可能となる。モリジャノメの先祖がニュージーランドにやってきた時代も、やはり、古第三紀の初期のころであった、と思う。

私は、モリジャノメはオーストラリア経由でニュージーランドにやってきた、と考えているが、では現在、モリジャノメ属 *Dondonidia* の蝶がオーストラリアに存在しないのは、なぜか。

『オーストラリア地方の蝶』をしらべてみると、ニュージーランドにはジャノメチョウ類は四種しか記載されていないのに、オーストラリア地域（ニューギニアを含む）には三一種も記載されている。この種数は、日本列島の二八種、中部ヨーロッパの二三種と、それほど異ならない。おなじゴンドワナ大陸の一部でありながら、オーストラリアとニュージーランドでは、ジャノメチョウ類の種数は大きく異なる。

これは、オーストラリアが、ゴンドワナ大陸分裂後に、一度、チモール島（インドネシア）と連結したことがあり、そのとき、進化した熱帯系のジャノメチョウが多数、オーストラリアに侵入してきたことを暗示する。そしてそのとき、モリジャノメの生息場所は、進化ジャノメチョウ群に奪われてしまったのである。一方、ニュージーランドは、海によって遠く隔離されていて、進化ジャノメチョウ群がニュージーランドに侵入することはできなかった。おかげで、モリジャノメはニュージーランドで生き残ることができた。私は、このように推理するのである。ニュージーランドのニセベニヒカゲ類やモリジャノメの存在を、このように考えてみると、学研の昆虫図鑑に書いてあった「なぞ」は解けてくる。

今回の本は、蝶のルーツを追って、日本を出発し、世界をかけ巡る空想の旅の記録となった。じつは、蝶のルーツ探しの話は、まだまだつづく（どんどん湧いてくるので、終わりがみえない）のだが、南半球のニュージーランドに到達したところで、今回は打ち止めにしたい。ありがとうございました。

あとがき

私の本は、いままで、森林インストラクターのかたがたを念頭において書いてきた。しかし今回の本は、蝶にポイントをおいた。森林インストラクターにとって「蝶なんて」と思うかもしれないが、蝶でも樹でも、草でも鳥でも、みんなおなじなのである。われわれは、対象物の名を教えるのではなく、見方を教えるのである。だから今回の本でも、「ものの見方」をみてもらいたいのである。

また、一般の虫好き、自然好きのかたがたにも、読んでいただけることを期待している。この本には、虫の専門家の本ではみられない、ユニークな発想がいっぱい詰まっているから、きっと、いままでにない、変わった楽しみを味わっていただけると確信している。今回の本を読むときは、ぜひ、世界地図を手元において、お読みください。

原稿は、なかなか満足できず、推敲《すいこう》をくり返す日々がつづいたが、年の暮れちかくになって、ようやくでき上がり、出版社に送ることができた。疲れを癒すため、暮れから正月にかけて、青森県の古牧温泉で過ごした。どこにも出かけず、一日中、湯につかったり、部屋にもどって本読みにふけったりした。湯につかりながら、うれしそうにはしゃいでいる親子や、瞑想にふけるお年寄りの横顔を眺めていると、平和に生活できる日本のありがたさが、胸にしみる。

湯に入ったり出たりして、頭が空っぽになって、また、つぎの本への執筆意欲が湧いてきた。この歳（七十八才）になっても、好きな本を書けることの幸福感を、いま、しみじみ味わっている。これも、本を出してくださる八坂書房さんのおかげである。感謝の言葉もない。今回の本づくりは、八坂立人さんのお世話になった。ありがとうございます。

二〇〇六（平成十八）年二月二十五日、校正を終えて。

参考文献

青山潤三：日本の蝶　北隆館　一九九二
同　：中国のチョウ　東海大学出版会　一九九八
同　：世界遺産の森・屋久島　平凡社新書　二〇〇一
秋本和彦・土田勝義：スイス　フラワートレイルの旅　新潮社　一九九八
朝日純一・ほか：サハリンの蝶　北海道新聞社　一九九九
五十嵐邁・福田晴夫：アジア産蝶類生活史図鑑Ⅰ　東海大学出版会　一九九七、同Ⅱ　二〇〇〇
猪又敏男：原色蝶類検索図鑑　北隆館　一九九〇
海野和男・青山潤三：日本のチョウ　小学館　一九八一（自然観察と生態シリーズ12）
大塚一壽：ボルネオと東南アジアの蝶　Iwase Bookshop　二〇〇一
長田志朗・ほか：ラオスの蝶類図鑑　木曜社　一九九九
小野　泱：シベリアの蝶　ニュー・サイエンス社　一九七八
学習研究社：オルビス学習科学図鑑・昆虫1　一九八〇、同・昆虫2　一九八〇
同　：世界の甲虫　一九八〇
同　：世界のワイルド フラワー①　二〇〇三
河北新報社：宮城の昆虫　一九九一
草刈広一：ギフチョウ属 最後の混棲地　無明舎出版　一九九三
小学館：日本の蝶　一九八三（学習百科図鑑39）
津軽昆虫同好会・編：青森の蝶たち　東奥日報社　一九八七
角田伊一：福島県の蝶　一九八二
冨山　稔・森　和男：世界の山草・野草　日本放送出版協会　一九九六
成田正弘：秋田の蝶　秋田自然史研究会　二〇〇〇
西口親雄：アマチュア森林学のすすめ　八坂書房　一九八九
同　：森のシナリオ　八坂書房　一九九六
同　：森の命の物語　新思索社　一九九九
同　：森と樹と蝶と　八坂書房　二〇〇一
同　：森林インストラクター 森の動物・昆虫学のすすめ　八坂書房　二〇〇一
同　：森のなんでも研究　八坂書房　二〇〇二
同　：森の動態を考える　八坂書房　二〇〇四
福田晴夫・高橋真弓：蝶の生態と観察　築地書館　一九八八
平凡社：日本の野生植物・草本（フィールド版）一九八五
同　：日本の野生植物・木本（フィールド版）一九九三
同　：動物大百科3 霊長類、同4 大型草食獣　一九八六（二冊とも）
保育社：原色日本蝶類幼虫大図鑑Ⅱ　一九六二
同　：原色日本蝶類図鑑Ⅰ、Ⅱ、Ⅲ、Ⅳ（福田晴夫ほか）一九八四（四冊とも）
北隆館：原色昆虫大図鑑Ⅰ　一九六三、同Ⅲ　一九七三
同　：日本古生物図鑑（学生版）一九八二
同　：原色樹木大図鑑　一九八五
同　：野草大図鑑　一九九〇
同　：樹木大図鑑　一九九一
同　：（新訂）牧野新日本植物図鑑　二〇〇一

堀　勝彦：高山のチョウ　信濃毎日新聞社　一九九五

前川文夫：植物の来た道　八坂書房　一九九八

牧野晩成：野の植物　小学館（自然観察と生態シリーズ）一九七六、山の植物　同　一九七七

松香宏隆：蝶　ＰＨＰ研究所　一九九四

湊　正雄　監：日本列島のおいたち・古地理図鑑　築地書館　一九八五

柳澤通博：Papilio maackii　ミヤマカラスアゲハ　Achillides私論　木鶏書房　二〇〇二

山田常雄・鈴木光子：スイス・アルプス花の旅　講談社　一九九五

山と溪谷社：日本の高山植物　一九八八

中国語原書

中国科学院植物研究所・編：中国高等植物図鑑（全七冊）一九九四

童　雪松・主編：浙江蝶類誌　浙江科学技術出版　一九九三

王　直誠：中国東北蝶類誌　吉林科学技術出版　一九九九

国立台湾博物館：中国鱗翅目5　眼蝶科　二〇〇〇

訳書

ルイス、Ｈ・Ｌ（坂口浩平訳）：原色世界蝶類図鑑　保育社　一九七五

カーター、Ｄ（加藤義臣・ほか訳）：蝶と蛾の写真図鑑　日本ヴォーグ社　一九九六

ジョンストン、Ｖ・Ｒ（西口親雄訳）：森セコイアの森　八坂書房　一九九七（原題：California Forests and Woodlands, 1994)

英語原書

Carter, D. : Butterflies and moths in Britain and Europe, Pan Books, 1982

Corbet, A. S. & Pendlebury, H. M. : The butterflies of the Malay Peninsula, Malayan Nature Society, 1978

D'Abrera, B. : Butterflies of the Australian region, Lansdowne Press, 1971

John, D. S. & John, O. S. : Trees and shrubs of California, Univ. California Press, 2001

Lawrence, E. : The illustrated book of trees and shrubs, Gallery Books, 1985

Mitchell, A. : Trees of North America, Dragon's World, 1990

Novak, I. : Butterflies and moths, Hamlyn, 1985

Parkinson, B. & Patrick, B. : Butterflies and moths of New Zealand, Reed Books, 2000

Polunin, I. : Plants and flowers of Singapore, Times Editions, 1987

Smart, P. : The encyclopedia of the butterfly world, Tiger Books Intern., 1991

Walton, R. K. : Familiar butterflies of North America, National Audubon Society, 1990

著者略歴　西口親雄（にしぐち・ちかお）
1927年、大阪生まれ
1954年、東京大学農学部林学科卒業
　　　　東京大学農学部付属演習林助手
1963年、東京大学農学部林学科森林動物学教室所属
1977年、東北大学農学部付属演習林助教授
1991年、定年退職
現　在、ＮＨＫ文化センター仙台教室講師
　　　　講座名：「趣味の草木学」
　　　　　　　　「アマチュア森林学のすすめ」

おもな著書：
『森林への招待』（八坂書房、1982年）
『森林保護から生態系保護へ』（新思索社、1989年）
『アマチュア森林学のすすめ』（八坂書房、1993年）
『木と森の山旅』（八坂書房、1994年）
『森林インストラクター入門　森の動物・昆虫学のすすめ』（八坂書房、1995年）
『ブナの森を楽しむ』（岩波新書、1996年）
『森のシナリオ』（八坂書房、1996年）
『森からの絵手紙』（八坂書房、1998年）
『森の命の物語』（新思索社、1999年）
『森と樹と蝶と』（八坂書房、2001年）
『森のなんでも研究』（八坂書房、2002年）
『森の動態を考える』（八坂書房、2004年）
訳書：『セコイアの森』（八坂書房、1997年）

小さな蝶たち—身近な蝶と草木の物語
2006年3月25日　初版第1刷発行

著　者　西口親雄
発行者　八坂立人
印刷・製本　モリモト印刷(株)

発行所　(株)八坂書房

〒101-0064 東京都千代田区猿楽町1-4-11
TEL 03-3293-7975　FAX 03-3293-7977
URL：http://www.yasakashobo.co.jp

ISBN 4-89694-868-8

関連書籍のごあんない

森の動態を考える

西口親雄　四六　一九〇〇円

日本の森にすみつくまでに、生きものたちがたどった移り変わりの道すじに浮かぶ「なぞ」をやさしく解き、独自の森林観で読者を魅了する珠玉の森林エッセイ。

アマチュア森林学のすすめ
—ブナの森への招待

四六　一九〇〇円　西口親雄

森林には「環境保護」と「木材生産」という二つの役割があるが、本書は話題のブナ林に焦点をあて、アマチュアの視点をくずさずに環境保護と森をいろいろな興味から論じたもの。

森林インストラクター入門
森の動物・昆虫学のすすめ

西口親雄　A5変形　二〇〇〇円

長年にわたる自然教室などの講師体験から、森林インストラクターに必須の知識をテキスト風に簡潔にまとめたもの。森の生態系のしくみを理解するための動物や昆虫の知識を満載。

森のなんでも研究
—ハンノキ物語・NZ森林紀行

四六　一九〇〇円　西口親雄

虫やキノコ、菌根菌など、落葉や生物の亡きがらを土に返す分解者を登場させ、その役割や森との関係を解説。さらに、ニュージーランドと対比しつつ、日本の自然を語り、森林研究の楽しさを紹介する。

森のシナリオ
—写真物語　森の生態系

西口親雄　A5　二四〇〇円

森と森をすみかとする動物・昆虫と向き合うこと40余年。森を知り尽くした著者が撮り、描いた約300点のカラー写真や絵に軽妙な解説を添えた楽しい森林入門書。

森と樹と蝶と
—日本特産種物語　西口親雄

四六　一九〇〇円

日本に特産する樹と蝶を通して、日本の風土の面白さと豊かさ、優しさを語り、あらためて貴重な樹と蝶とそれを育んだ自然を再発見する。ペン画を多数収録。

表示価格は本体価格です